[奥地利] 米歇尔 · 斯塔瓦瑞克 著　[德国] 米凯莱 · 甘瑟 绘
王萍 万迎朗 译　孙天任 审定

章鱼奇想

未 知 世 界 的 生 物

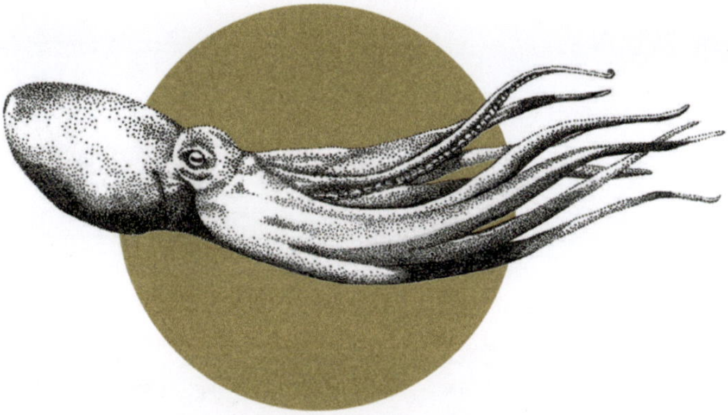

译林出版社

图书在版编目（CIP）数据

章鱼奇想 ：未知世界的生物 / （奥）米歇尔·斯塔瓦瑞克著 ；（德）米凯莱·甘瑟绘 ；王萍，万迎朗译. 南京 ：译林出版社，2025. 7. -- ISBN 978-7-5753-0621-8

Ⅰ. Q959.216-49

中国国家版本馆 CIP 数据核字第 20255KT891 号

著作权合同登记号　图字：10-2022-219 号

章鱼奇想：未知世界的生物　[奥地利] 米歇尔·斯塔瓦瑞克 / 著
[德国] 米凯莱·甘瑟 / 绘　王萍　万迎朗 / 译　孙天任 / 审定

责任编辑　宋　旸
装帧设计　韦　枫
校　　对　施雨嘉
责任印制　单　莉

原文出版　Leykam Buchverlag, 2021
出版发行　译林出版社
地　　址　南京市湖南路 1 号 A 楼
邮　　箱　yilin@yilin.com
网　　址　www.yilin.com
市场热线　025-86633278
排　　版　南京新华丰制版有限公司
印　　刷　南京爱德印刷有限公司
开　　本　718 毫米 ×1000 毫米　1/16
印　　张　9.25
版　　次　2025 年 7 月第 1 版
印　　次　2025 年 7 月第 1 次印刷
书　　号　ISBN 978-7-5753-0621-8
定　　价　56.00 元

目录

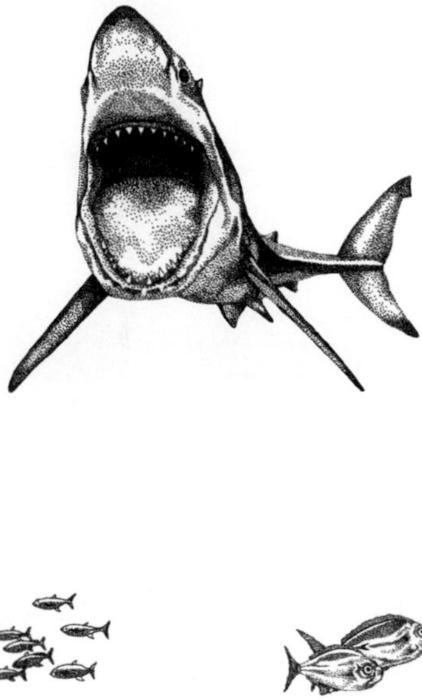

本书旨在纪念我亲爱的朋友

莫妮卡·库珀，

她是世界上最优秀，也是读书最多的书商。

第01章

我们的旅程开始了

章鱼在看书
需要湿手帕
全裹在里面
朝着我逗乐

宇宙浩瀚无垠，知识渊博无限，讲述它的可能性也无穷无尽。

好在我喜欢讲故事。故事是生活中最美好的事物之一，因为它们可以表达关于人类（以及我们所处世界）的一切。故事不一定要真实，但这里的故事绝对不一样：本书中的一切内容都千真万确。你可能很好奇，我如何能做到对章鱼了如指掌。我会告诉你：知识来自书籍、杂志、互联网和电视。生活中你想知道的一切，都在周围等着你，你只需要去寻找。好在你已经找到这本书（或者说，这本书找到了你？）——无论如何，我认为这是一个美好的开端。

遥远的星辰

我们仰望夜空，在最理想的情况下能看到属于银河系的数不胜数的恒星。为什么是在最理想的情况下？好吧，你可能已经注意到，夜空中很难见到繁星满天，至少在城里看不到。即使在乡村，星光也变得越来越稀罕，这是由于所谓的“光污染”。人类在地球上制造了太多人造光，所以你能看到的星星越来越少。只有在光线非常昏暗的地方，人们才会啧啧赞叹天空中原本应该看得到的一切：头顶上方巨大、闪耀、雄伟的宇宙苍穹。

好在人们已经认识到光污染是大问题。欧洲各机构正确保夜幕能再次变暗。这不仅对夜行动物有益，还可以让我们睡得更好。此外，人们还可以真真切切地看到夜空中的“银河系”（60% 的欧洲人现如今已无缘得见），这地球同属其中的美丽星系。哦，对了，我刚才就想解释一下“星系”一词。它是太空中聚集在一起的恒星和行星的集合。你一定要在夜空中亲眼领略银河系的美景。啊，你想知道在哪里可以找到吗？其实它始终高悬于我们的头顶上方，在漆黑无云的夜晚就可以看到它。如果你想确保看到，只需参观天文馆即可。

你知道奇特的地方是什么吗？我曾看过对海洋生物学家伊迪丝·威德博士的专访，她经常乘坐小型潜艇进入深海（当然是出于研究目的），并声称在深海中恍如置身外太空。尤其当她向窗外望去，能看到无数发光的生物和微生物，数以亿计——每只生物都像天上的星星一样闪耀。顺便说一句，我稍后会讲述更多关于海洋中发光动物的信息——以及它们发光的原理。但是请想象一下这情景吧：置身海洋深处也有仰望星空的感觉。难道不是很奇妙吗？海洋仿佛也是一个完整的宇宙。不管怎样，这念头让我心潮起伏……

当看向星星时，我明白星光在被我看到前已经旅行了很长时间。想象一下，这星光就像一辆汽车。它从发光的 A 点（恒星）行驶到 B 点（我们）。即便光线疾驰，仍需要无数年的时间才能到达地球上的我们眼中。甚至此时，当初发光的那颗恒星也许已不复存在，但它的光芒仍穿越浩瀚的宇宙，来到我们眼前。你不觉得这事儿光想一想就让人心驰神往吗？宇宙无比广阔，充满谜团和奥秘——我从小就对它万分入迷。

你想了解更多吗？反正我很好奇！接下来讲到的内容会很有趣：比如光像一辆汽车，人们当然可以测量其速度——它以大约每秒30万千米的速度奔驰（肯定有人想知道精确数字：每秒299,792,458米；以后你的物理老师可能会把这串数字写在黑板上）。

为了作比较：你父母的汽车以每小时120千米的速度行驶！可见光的传播速度极快，但在浩瀚无垠的宇宙中，光仍然仿佛蜗牛在爬行。

也许你在想：一切听起来都很美妙，可我打开的是一本关于章鱼的书……请问章鱼在哪里？请你再耐心等待一会儿，其实我们早已经进入章鱼的故事了，即使看起来不像。宇宙历史不仅仅是章鱼历史，也是我们人类自己的历史。

我们刚刚说到哪里了？对，是光！当然，没有光，我们的星球上就一无所有。我指的是星光，不是室内灯光哟。因为太阳是一颗恒星。你肯定知道，倘若没有太阳，地球上就不可能拥有生命。没有太阳就没有植物。没有植物就没有氧气（确切地讲，就是没有了人们所说的“光合作用”)。没有氧气,人类和动物的生存将不可想象。当然，海洋中同样如此。

我几乎能听到你问这个问题——太阳光也像汽车吗？当然，光总是以相同速度穿过宇宙空间（如上所述）。地球与太阳之间的距离有大约 1.5 亿千米，阳光到达地球需要 8 分 19 秒。所以如果太阳突然消失（魔术师用魔法让它不见了），我们依旧能够享受 8 分多钟一如往常的阳光。

噢，关于太阳我还可以给你讲出形形色色的故事，但章鱼已经不耐烦了，所以就先讲到这里吧：终有一天，太阳会变大到我们在地球上就可以用手触摸到它；科学上称这个阶段的太阳为“红巨星”。而在某个时刻,太阳又突然收缩到只有地球那么大,被称为“白矮星”。孩提时,这些术语激发我构思出关于“红巨星”和“白矮星”的各种各样的故事，你也想试试吗？最激动人心的时刻到了！

给聪明的脑瓜

太空中的奇怪事物

1. 小丑脸

太空中有一团由发光气体组成的星云——看起来像一张小丑的脸。它有一个相当无聊的学名 NGC 2392。太空中的事物多得数不胜数，因此很多物体只能简单编号。好吧，这有点像我们的身份证号码。问问你父母的身份证号码吧。我很好奇他们是否熟记于心。

2. 覆盆子朗姆酒

银河系的中心是一团巨大的酒精云。它的名字听起来有些意思，射手座 B2。其直径为 150 光年，质量是太阳的 100 万倍。真正不可思议的是，整个云团散发出覆盆子和朗姆酒的香味。科学家们说，更像朗姆酒。这不错，因为制作一块美味的古格霍夫蛋糕也需要一点朗姆酒。

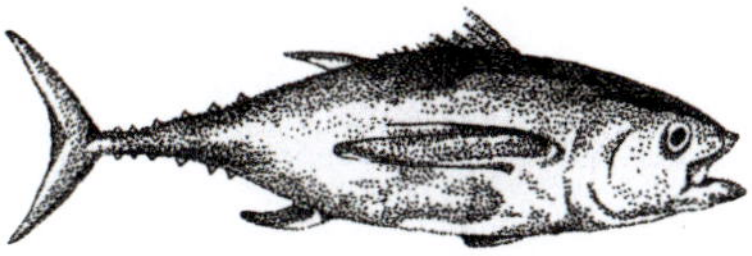

3. 索伦之眼

也许你看过著名电影《指环王》，虽然我更喜欢同名小说。在这部电影中，邪恶的“索伦”几乎总是隐身，但他在天空中留下了一只火热的巨眼。在太空中还真有这种现象，被称为“螺旋星云”。在这个星云中心，一颗垂死的恒星嵌在一团尘埃云中，使得整个星云看起来像一只眼睛。这种现象也被一些人称为“上帝之眼”，它距离地球 650 光年，非常近。

4. 钻石或熔岩湖

有一颗神秘的行星被称为“钻石星球”（55 Cancri E），大小约是地球的两倍。它（像地球一样）绕着一颗恒星运行，尚不清楚这颗恒星是否类似于我们的太阳。如果类似的话，行星的表面将被加热到大约 1790 摄氏度。基于其他线索，科学家认为这颗行星要么由钻石构成，要么覆盖着巨大的熔岩湖。虽然我们（尚且不能）百分百确定，但想象一颗星球上遍地钻石，数量多得就像地球上的石头，那将是一番怎样的景象啊！

5.

草帽星系

这个螺旋星系是夜空中最亮的星系之一（你可以在天文馆中查询它）。它之所以得名，是因为它的环形尘埃像宽边帽的边沿。你知道的，就像那种墨西哥的草帽。这个名字起得很贴切。

6. 红矩形星云

太空中有棱角的物体确实很少见，不知何故，那里的一切都相当圆润，充满弧形线条。但“红矩形星云”是个例外。天文学家怀疑位于星云核心的双星系统（整个系统的名称是 HD44179）是造成它周围的一切看起来有棱有角的原因。这个星云像一个巨大的“X”。

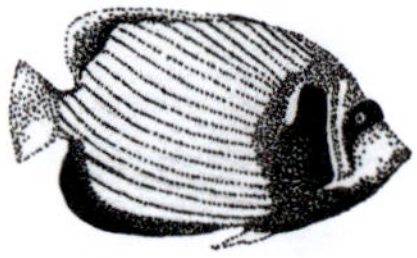

7. 死星和吃豆人

我从来都不是《星球大战》的忠实粉丝，毕竟萝卜白菜各有所爱，但电影里面的确有一些很酷的场景和事物，比如“死星”。如果人们透过《星球大战》的观点来看待宇宙，那么宇宙中也有一个真正能与“死星”对应的事物：米玛斯，土星的卫星“土卫一”。它拥有有趣的外观，在探测器“卡西尼号”拍摄的热成像图上，这颗卫星看起来像吃豆人。你还记得吃豆人吗？反正你的爸妈肯定记得！

8. 骷髅头恒星幼儿园

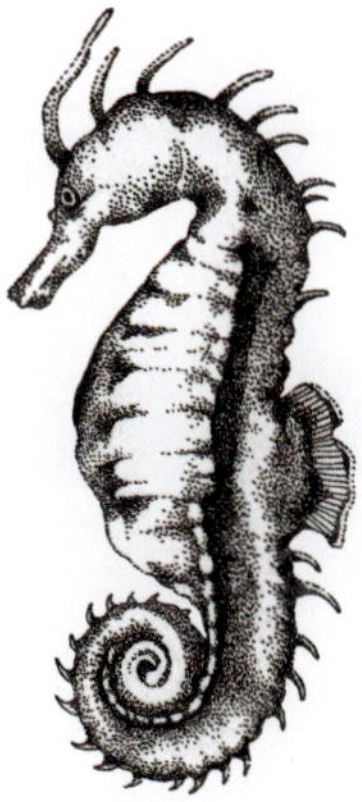

你有没有想过当一名海盗？我的意思是友好的海盗，在大海里纵横驰骋，想去哪里就去哪里，生活自由自在，历经种种冒险。如果你想，那么就一定会对所谓的“骷髅头和十字骨”星云感兴趣，因为它看起来像海盗旗上的骷髅头。代号 NGC 2467 的它是许多年轻恒星的诞生地和幼儿园。

这个米歇尔究竟是谁?

当然，我会和你说说我自己，毕竟你应该知道写这本书的是谁——你在和谁交流。在童年的一个平平无奇的日子里，我想过长大后要从事以下工作：

1. 当一名宇航员，然后我假设自己站在太阳的另一侧——只要我愿意，就能像开关电灯一样控制太阳。

2. 还是当宇航员，在月球表面建造鱼塘；我小时候没有考虑过真空（= 无氧）的问题。

3. 更明确一些：当一名航天员（俄罗斯宇航员是这样自称的），因为我第一次在收音机里听到俄国（当时还是苏联）国歌时，发现俄罗斯人的唱功好多了。

4. 突然：想当一名飞行员，因为发现当宇航员 / 航天员对我来说似乎有些不现实。

5. 然后：当一名海洋生物学家，因为我对海洋中的生物（尤其是章鱼！）很痴迷——而且当潜水员能体验太空失重的感觉。

6. 当一名神秘动物学家（寻找谁都不曾见过的未知动物的人），前往深海（最好是乘坐小型潜艇）发现新物种，并率先命名。例如“吸血鬼乌贼”——可惜有人在我之前发现并命名了它。真糟糕！

7. 就在最近：当一名牙医，因为这样将来我就可以避免去看牙医——并能自己照顾自己的牙齿。你是不是觉得这说法很熟悉？嘘，甚至有一次我想成为世界上顶尖的网球运动员，因为我把所有的空闲时间都花在了网球场上，那里有几个人认为我肯定能有所斩获。

8. 当一名作家，当我得到人生的第一台打字机，并意识到大家都喜欢我的故事时。那时我写了一些关于我所知道的所有池塘和河流的文章。海洋太远了——似乎像太空一样遥不可及！

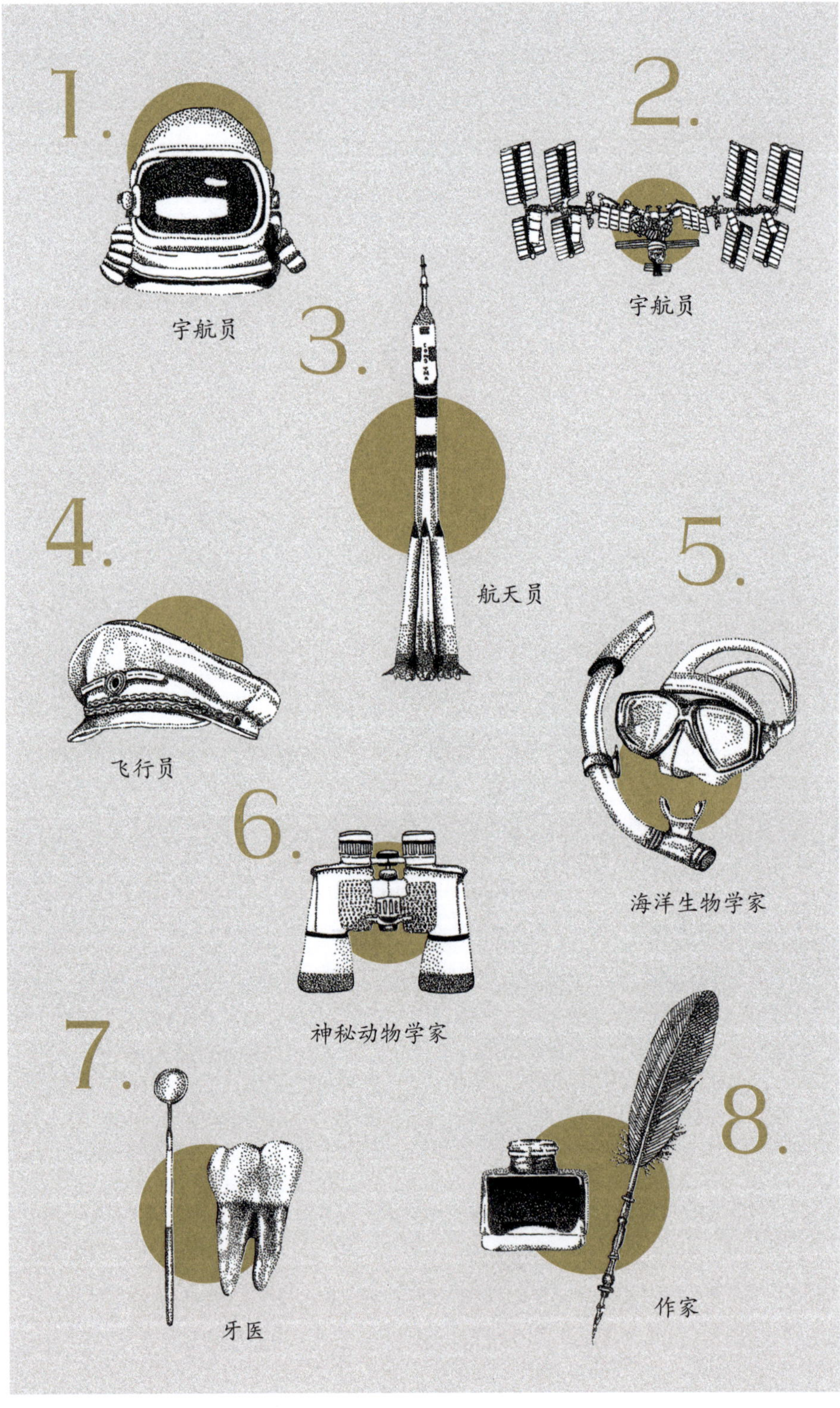
1.
宇航员
2.
宇航员
3.
航天员
4.
飞行员
5.
海洋生物学家
6.
神秘动物学家
7.
牙医
8.
作家

现在拿出一张纸，写下你长大成人后的理想职业。你最好就写在这本书里——我们为此特意留出了几行。我等你——这期间我顺便考虑一下，接下来讲些什么。

1.
2.
3.
4.
5.
6.
7.
8.

写完了吗？请大声读出来，让我也听听！

非常精彩，绝对令人期待——我会给你加油，这些职业愿望中的一个必定会实现。永远记住，无论以后别人对你说什么，你都可以坚持做自己想做的！前提是，你必须真的全心全意地想要实现它！

用彩色铅笔涂色！这张画应该五彩斑斓。

第02章

海洋深处

我想要章鱼
给我好建议
在学校如何着装
对老师如何说话

地球上的生命如何起源?

在我们（几乎）真正只谈论章鱼之前，说这些有什么意义呢?反正我认为应该花点时间探究生命怎样出现在地球上。这当然是一个相当复杂的问题，（到目前为止）还没有明确答案。许多科学家称生命始于大约38亿年前的海洋。因此，生命源自大海。它首先出现在水中——然后才在某个时间来到陆地。

你可以这样想象：当时水中生物的数量惊人，但在某个美好的日子里，有些生物变得实在太多了，也许太吵，压力太大，太拥挤，谁又知道呢?于是这些生物开始演化，鳍变成了脚，鳃变成了肺，科学是这样解释的。如果你想进一步了解：这被称为“演化”和“演化生物学”（你可以稍后在其他书籍中阅读了解有关物种演化的内容）。

顺便说一句，地球表面约 70% 被水覆盖，只有约 30% 是陆地。如果你问我，是不是生活在水中更合乎逻辑，那么我要说，地球可不是无缘无故被称为“蓝色星球”的。有趣的是，人体主要也是由水组成：婴儿身体中水分高达 70%，成人约 60%。老年人大约只有 50%。

地球 70% 是水，这难道不奇特吗？我们人类的身体也是如此？还是孩子的时候，我就发现眼泪像海水一样咸，这令人兴奋。然而，这并不完全正确，要知道海水中的盐含量大约是泪液的三倍，不过无所谓了！

给聪明的脑瓜

怀孕第 7 周开始时，人类胚胎已经长了 4 周[1]，呈“C”形弯曲。头位于弧形的一端，尾巴位于另一端。所有人都觉得这孩子目前看起来更像一只虾，而不是人类。因此，一些科学家假设人类曾经有过鳃也就不足为奇了。而且据说这一假设在有些人的耳朵中有迹可循。

1 怀孕的时间是从上一次经期结束算起。——译注

生命如何进入水中?

有一点不可否认：没有水，就没有生命！

这让我们回到之前提出的问题：生命如何进入水中？不少科学家认为生命来自宇宙。你首先要知道，地球并不总是像今天这样。在成为“真正的”地球之前，它只是太空中的一团气体和尘埃，无数大大小小的天体在周围飞来飞去。所有可能的岩石和冰块在那里碰撞，逐渐形成了“第一块”土地。其他物体（彗星——也是由冰组成！）不断撞击它，地球上出现发光的熔岩海洋，到处都是蒸汽和烟雾，我们的世界曾是一颗不宜居住的炽热星球。

我最好现在就进入正题，所有其他内容我们以后再展开细说：到了某个时候，地球温度渐渐降下来，蒸汽凝结成水，一切都顺其自然地发生了！

据说一些与地球相撞的彗星上有生命，这些生命可能进入水中，在那里进一步演化。我最近了解到在国际空间站外壳上发现了活的（如同生活在海洋里的）浮游生物的消息。这很奇妙，不是吗？

给聪明的脑瓜

是的，我要再说说“浮游生物”一词（它的希腊语 πλαγκτόν 意思是“流浪的”“被驱赶的”）—— 人们用它描述生活在开阔水域中的（漂浮着的，很少或没有自主运动的）生物整体，其游动方向完全由水流决定。没有浮游生物，海洋里就没有生命，没有鲸、章鱼、鲨鱼，等等，浮游生物毕竟是食物链的最底层。

许多科学家由此认为，生命的组成部分可能来自无边无际的宇宙，并在彗星（或较大流星）的帮助下来到我们的海洋。因此，所有生命都是“外星生命”——包括我们人类！

我认为对于像章鱼这样的生物来说，这是一个很好的研究出发点。而且，相信我，深海中还生活着许多其他对我们来说非常独特的动物。顺便说一句，你猜得到吗？海洋中目前我们已知和研究过的生物只占总数的大约 5%——这几乎为零！因此，有人说人类对月球或火星比对自己的海洋了解得更多，这并不奇怪。人们还认为，全球海洋中至少有 100 万种未知物种有待被发现。

我当然会透露自己最喜欢的，至少对我而言海洋里最奇怪生物的名单。大家都知道它们很可能来自另一个星球。但你必须向我保证会扩充这个名单……水中确实还有许许多多精彩的生物。

1. 章鱼、鱿鱼和乌贼。（我们现在真的要详细讨论它们了！）

2. 水母，海洋里竟然生活着一种永不死去的水母！它们被称为“永生水母”（学名是“*Turritopsis dohrnii*”）也不足为奇。但如果要和你展开细说，我真的需要再写一本书。

3. 雪茄达摩鲨，外形确实有点像肥厚的褐色雪茄；它不是很大，一口咬下去会造成圆形伤口。因此在英语中它被称为“cookiecutter shark”，意思是“曲奇饼切割刀鲨鱼”。过圣诞节时厨房里肯定会有曲奇饼！

4. 尖吻鲨，外形特点是有一个“大鼻子”，我猜正因为妈妈以前总说我是小精灵，所以我才觉得它很有趣。[1] 不过我的鼻子大小正常，真的！

1　尖吻鲨的德语名称由“精灵”和“鲨鱼”两个词组成。——译注

5. 麦秆虫，总让我想起水下的“螳螂”；顺便说一句，螳螂是生活在陆地上的昆虫。它们看起来也很有意思——一定要去看看！

6. 皇带鱼，据说能长达 17 米，我向你发誓，它是真正的“水下龙蛇”。

7. 叶形海龙，长得像一条龙，或者我们应该说：龙和海马的混合体。

8. 鮟鱇，真让人惊叹；雌性的头上长出一根长长的“钓竿”，其末端有一个发光的球体，它会在没有光线的深海中吸引猎物。此外，体形小得多的雄性会附着在雌性身上，这对双方都有好处。当两条鱼一体时，看起来就像一条鱼！是不是很不可思议？

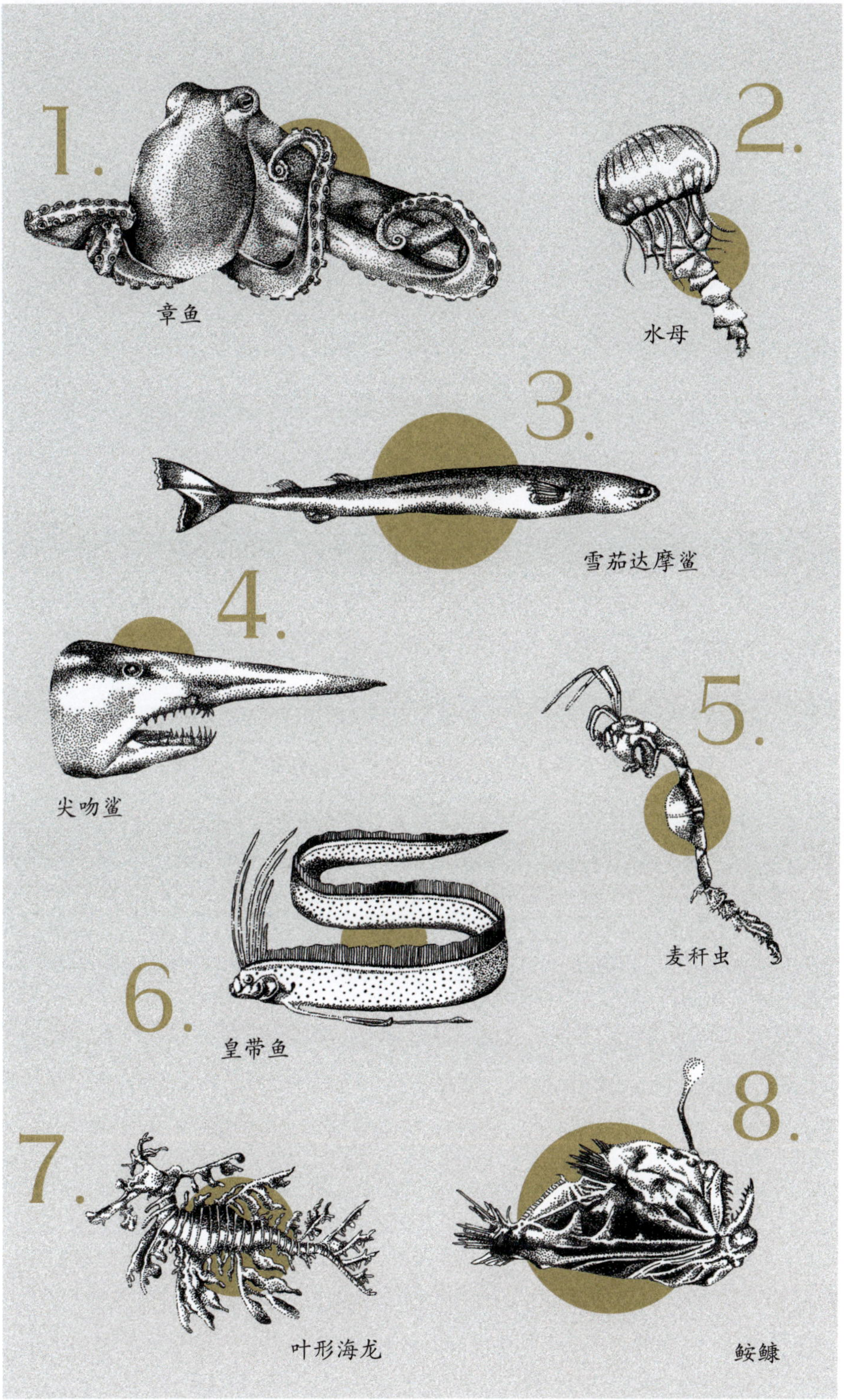
1.
章鱼
2.
水母
3.
雪茄达摩鲨
4.
尖吻鲨
5.
麦秆虫
6.
皇带鱼
7.
叶形海龙
8.
鮟鱇

简要总结一下：大洋深处对我们来说就像宇宙深处一样未知。我把太空想象成一片广阔无垠的海洋，彗星、行星、恒星等都漂浮在其中。我们也漂浮着，与地球一起围绕太阳旋转，而太阳又围绕银河系的中心——银心旋转。也许一切都只是一个巨大的宇宙旋转木马！

人类想知道太空其他地方是否有生命，哪怕对自己星球上的所有生物还没搞明白。所以让我们一起进入并沉浸于章鱼王国中吧——那里等待我们的是令人难以置信的发现。

第03章

章鱼王国

章鱼在超市里
找不到章鱼风格的货架
它更喜欢去影院
喝一杯卡布奇诺

八足

当你触摸章鱼时，能感觉到它柔软、湿润、滑溜溜，而且有些弹性；有点像橡皮泥，有点像湿漉漉的浴室海绵，像鱼一样黏糊糊的，像嘴里的口香糖一样柔软，每个人都应该亲自尝试并找到自己的说法。

尤其在亚洲和地中海地区，章鱼被当作“海鲜”食用，我们这里也是如此，这是不争的事实。比如，我在维也纳小吃摊很容易买到章鱼。人当然吃章鱼，动物也吃章鱼，到底该怎么想，每个人都有自己的态度。章鱼被认为是美味佳肴，这对它们来说当然不甚公平。我必须宣称，我不愿看到这样的事情！

从纯科学角度来看：章鱼就是所谓的“软体动物”，属于头足纲。即使对于成年人来说，这也是一个很复杂的词汇，它来自古希腊语中的“kephalē”（头）和“pod”（脚）。这显而易见，毕竟章鱼的外观就是这样：一个大头和很多触手！人类倾向于通过外表来判断（和命名）一切。顺便说一句，大多数动物的学名都来自古希腊语和拉丁语，你还想听听其他例子吗？

非常乐意！比如另一种动物："鳄鱼"。它的名字是从拉丁语“crocodilus”借来的，但这个词实际上来源于希腊语“κροκόδιλος”，意思是“蜥蜴”。所以“蜥蜴”这个词先存在，然后被用于尼罗河鳄鱼等。希腊语的组合很有意思:“κρόκη” = “砾石”,“δρῖλος” = “蠕虫”。所以“鳄鱼”这个词的原意是“砾石蠕虫”，这下我们又回到了人类缺乏想象力这一事实。人们总是用非常容易理解的方式来命名不认识的生物、事物等：头足类动物、砾石蠕虫——嗯，还有“会飞的机器”，这个话题我们现在就不深入探讨了。

德语中的“章鱼”(Krake) 一词源自丹麦语和挪威语,意思是“连根拔起的树”，这再次暗示了它的外观。天空中的闪电也像树根一样分叉，当然会成为一个不错的“象征形象”。一位作家曾经在书中写道，树根看起来像慢速闪电，但他没有提及章鱼。

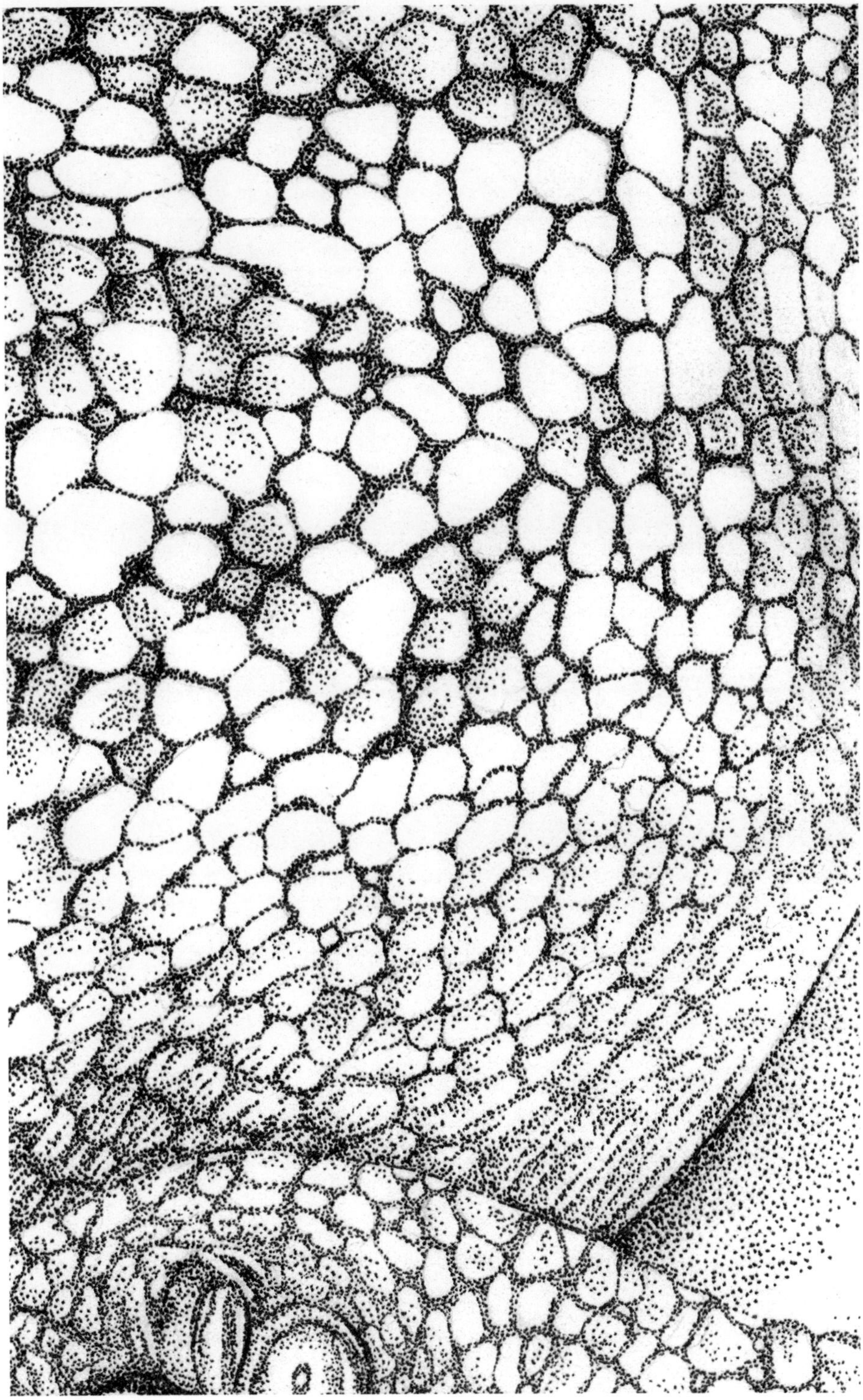

章鱼的英文名“octopus”（你猜对了，它源自希腊语！）意思是“八足”。章鱼也被称为“八爪鱼”。的确如此，章鱼有八只“触手”，但我们不妨说八条手臂。

顺便说一句，“8”这个数字将始终贯穿全书，它绝对是所有章鱼最钟爱的数字。它们的八条手臂可以轻松用来数数。你肯定也注意到，我给出了八个小时候的梦想职业。我挑选了八种我最喜欢的海洋生物。所以嘛，以后我们应该把“8”当成一个幸运数字！顺便说一句，当“8”倒下并横躺时，它就成为数学中的无穷大符号：∞，将我们再次带回到广袤无垠的宇宙！

给聪明的脑瓜

为了解释的完整性——我再次告诉感兴趣的人:“触手”一词源自拉丁语“tentare”,意思是“触摸”和“碰触”。毕竟,“用于触摸和碰触的手臂”是章鱼的主要组成部分。这里可以透露一点,章鱼确实有一只(或多只)特别爱使用的、最喜欢的手臂。此外,维也纳大学研究员露丝·伯恩发现章鱼触手的组合理论上有448种可能性,但它们在接触物体时只使用其中用一只、两只或三只手臂组成的49种组合。无论如何,有一件事似乎确信无疑:章鱼最喜欢的手臂大多位于身体前部,而后部手臂更多用于移动。

你是左撇子还是右撇子?动物王国里也有这种情况,例如黑猩猩大多是左撇子,而海象通常是右撇子,因此它们做任何事情都喜欢用右前鳍。当然,我只是顺便说一句。

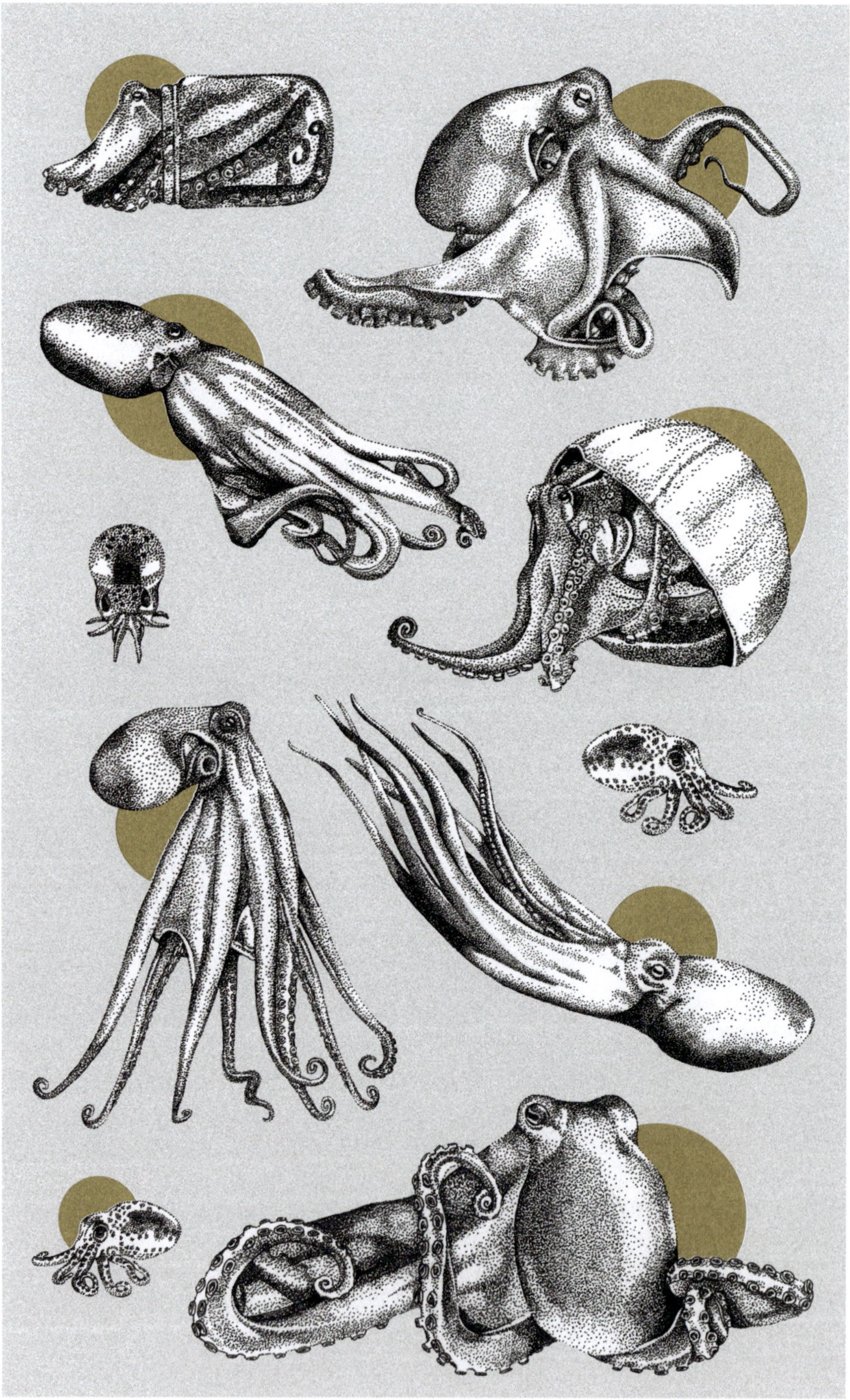

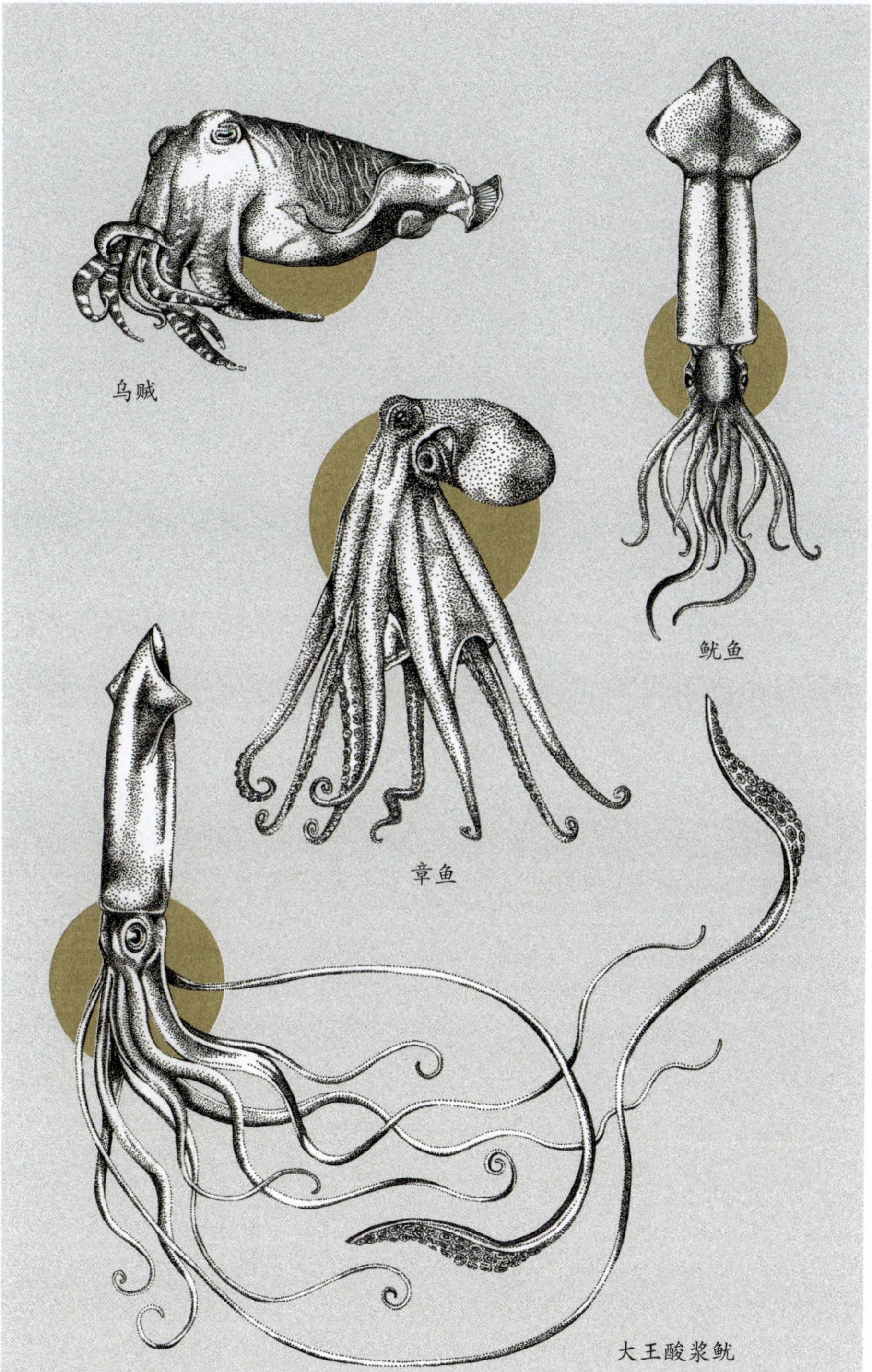
乌贼
鱿鱼
章鱼
大王酸浆鱿

章鱼、鱿鱼还是乌贼?

章鱼有各种各样的形状和大小，有的只有几厘米大，有的则有7米或更大。“太平洋巨型章鱼”被认为是所有章鱼中最大的。吉尼斯世界纪录里它的最大标本重量约为272千克，臂展约为9.1米（2019年的数据）。

此外，我们绝不能将章鱼与（巨型）鱿鱼混淆，它们都是头足类动物，但鱿鱼通常有十条手臂，其中有两条很长。此外，鱿鱼有一种类似脊椎的硬的结构。鱿鱼其实可以长到超过10米，是抹香鲸最喜爱的猎物之一。你听说过《白鲸》吗？一定要问问父母！

如果你在某处看到鲸与“章鱼”搏斗的照片，那一定不是章鱼，是鱿鱼。它最大的成员是“大王酸浆鱿”（*Mesonychoteuthis hamiltoni*）和“大王鱿鱼”（*Architeuthis dux*）。

为了把区别说清楚，我们不得不提到“乌贼”（*Sepia officinalis*）。它们有一种环绕身体的“鳍下摆”，在嘴附近有十根触手。你在第

35 页上看到的乌贼只有八只手臂，这是因为它们通常把两只胳膊藏在外套膜的口袋里，只有狩猎时才露出来。所以那只乌贼正在休息。

关于章鱼的恐怖故事

许多人是从恐怖故事中听说头足类动物（包括章鱼）的，这些故事曾经在世界各地广为流传：章鱼（今天我们知道其实是鱿鱼）会紧贴船只，将船拉入黑暗的深海。这些描述来自斯堪的纳维亚、希腊和我也不知道哪里的各种传说，并经常出现在书籍和电影中。以荷马的冒险英雄奥德修斯为例，他就眼睁睁地看着六位最勇敢的伙伴被十二足六头怪物斯库拉吃掉（啊，文学总是如此夸张！）。另外还有彼得·本奇利的小说《野兽》，这是其恐怖经典《大白鲨》的续集。

儒勒·凡尔纳的《海底两万里》也值得一读，其中让船只沉没的巨型章鱼是一个典型例子。

“它的头上不是长着八只触手，在水面上移动时像蛇窝一样吗？”仆人康塞尔在“鹦鹉螺”号上问阿龙纳克斯教授。“完全正确。”“它头部的眼睛不是很大吗？”“是的，康塞尔。”“它的嘴不是像鹦鹉的喙吗？”“确实，康塞尔。”“好了！我的先生，看看窗外：如果这不是布格船长的章鱼，至少是它的兄弟。”

结果，尼莫船长和全体船员艰难地从这只“长着鸟嘴的软体动物”的魔爪中逃脱。用斧头砍触手似乎是他们最后的希望……

在维克多·雨果的小说《海上劳工》中，一位名叫吉利亚特的英雄必须与一只可怕的章鱼搏斗。小说中描述：“柔软而又意志坚定的家伙，还有什么比这更可怕！充满仇恨的黏液。”当然，在著名海盗传奇故事《加勒比海盗》中也出现了一只巨型章鱼，它抓住了整艘船，其中一位英雄落水。于是有人喊道：“嘿，伙计！快救救你自己，不然谁能救你啊！”可话音未落，章鱼的手臂就从水中伸出来杀死了他。在中世纪，甚至有主教（1555 年乌普萨拉的奥劳斯·马格努斯，以及 18 世纪初的埃里克·庞托皮丹）报告说有游泳的怪物，奸诈的章鱼大得“就像一座漂浮的、被海藻包围的小岛，光背部就有 1.5 英里[1]长，身上有很多肉刺，像中型船只的桅杆”。

在美国的一些湖泊，比如俄克拉荷马州的雷鸟湖、“清水仙境”和奥拉加湖里，据说有一种危险的淡水章鱼，它们是造成多人溺水的罪魁祸首。美国媒体的这类新闻一次又一次给民众带来困扰，但淡水章鱼的存在并没有得到证实。它可能也是某种“尼斯湖水怪”——这个你肯定听说过，对吧?

事实就是如此：章鱼在电影、书籍里面臭名昭著。文艺作品反复助长了人们非理性的恐惧心理。事实上，章鱼是这个星球上最聪明的生物之一——智力水平与海豚、猴子、渡鸦、大象和狗不相上下。我们不应该害怕它们，而应该尊重并尝试理解它们。我们可以试着了解，它们如何感知环境以及它们到底能做到什么。这将拓宽我们往往过于狭窄的视野。我们只需要学会超越个人思维的局限。

1　1 英里约等于 1609.34 米。——编注

我特别推荐个人最喜欢的八种章鱼，其中两种我前文已经提到过：

1. 太平洋巨型章鱼（*Enteroctopus dofleini*）：该物种被认为聪明绝顶，如前所述，它也是所有已知章鱼中体形最大的。在水族馆里，它可以轻松完成复杂的任务，例如：打开罐子找到隐藏在其中的猎物。它还可以辨认和区分人，对水污染也很敏感。

2. 吸血鬼章鱼（*Vampyroteuthis infernalis*）：它的触手之间有可以撑开的皮膜（有点像蝙蝠），因而得名。它长30厘米左右，可以借助发光器官产生光（这在科学上称为“生物发光”）。它生活在深海中，拥有动物王国中按照身体比例来说最大的眼睛。

3. 南极巨型章鱼（*Megaleledone setebos*）：这种章鱼能长到90厘米，迄今为止最重的标本重达27千克。它借助在冰点以下仍能起作用的毒素杀死猎物。除此之外，人们怀疑许多其他种类的章鱼也是从它演化而来的（因此也带有轻微毒性），至少一些研究结果表明了这一点。

4. 拟态章鱼（*Thaumoctopus mimicus*）：真正的伪装大师，是唯一一种可以逼真模仿多达15种其他动物的生物。它可以模仿诸如海蛇、海螺、贻贝、鳐鱼、水母、螃蟹、海葵、比目鱼等。这种动物的特别之处还在于：它不仅模仿对方的外表，而且模仿对方的行为。

5. 斑马章鱼（*Wunderpus photogenicus*）：生活在印度尼西亚附近的浅海，喜欢模仿其他动物，尤其是有毒的动物，尤其能够几乎完美地模仿“狮子鱼”。

6. 大蓝环章鱼（*Hapalochlaena lunulata*）：它长大约55毫米（没有算上触手），是世界上毒性最强的动物之一。凭借其明亮的蓝色环，它其实很容易辨认。它生活在澳大利亚北部等地区。人一旦被它咬伤就性命堪忧，它会释放出河豚鱼也有的河豚毒素。

7. 毯子章鱼（*Tremoctopus violaceus*）：是一种分布较广的章鱼，它有两个特点：雌性长约2米，重约10千克；雄性重约0.25克，只有大概3厘米长——刚好和雌章鱼的瞳孔差不多。雄性和年轻雌性喜欢使用僧帽水母（一种水母）断掉的有毒触手进行防御，它们自身对这种水母的毒液免疫。

8. 幽灵章鱼：它是最近被发现的，几乎不为人知的章鱼物种，生活在夏威夷海 4000 多米的深处。它缺乏使得章鱼颜色发生变化的色素细胞（我们稍后会详细讨论）。幽灵章鱼只有大约 10 厘米长——它的外表让人想起同名卡通片中的著名幽灵卡斯柏（Casper）。

1.
太平洋巨型章鱼
2.
吸血鬼章鱼
3.
南极巨型章鱼
4.
拟态章鱼
5.
斑马章鱼
6.
大蓝环章鱼
7.
毯子章鱼
8.
幽灵章鱼

好了，这些是“我的”章鱼，你会在一生中发现更多，毕竟现有超过 1000 种已知的头足类动物，谁知道还能发现多少呢？所以，让我们陪伴这些迷人生物穿越海洋，顺便说一句，它们在古希腊也是爱情的象征！而且，正好有这么一件事：2021 年，一部记录潜水员和章鱼之间友谊的电影在好莱坞获得了奥斯卡最佳纪录片奖。它的名字是《我的章鱼老师》。你绝对不要错过！

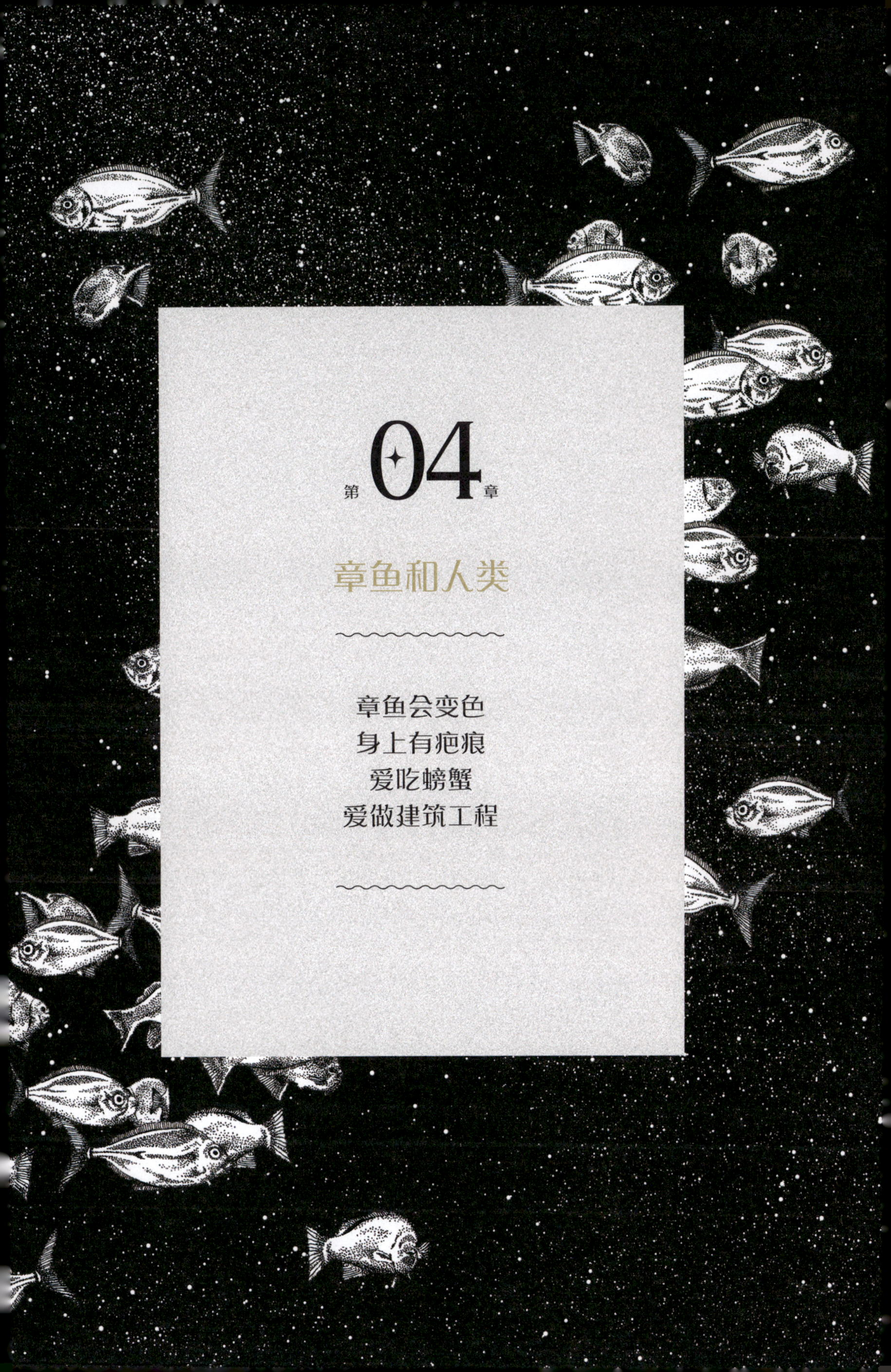

第 04 章

章鱼和人类

章鱼会变色
身上有疤痕
爱吃螃蟹
爱做建筑工程

你知道人类和章鱼有共同祖先吗？说真的！如果我们回溯地球生命的发展历程，甚至会发现所有生物有共同的祖先。我们的星球大约有 45 亿年的历史，据说最初的生命起源于大约 38 亿年前——我们已经讨论过它可能发生在海洋中的事实。

物种起源

生活在 6 亿到 7 亿年前的地球海洋中的一种类似蠕虫的生物被认为是生物的共同祖先。生物多样性的历史（最好的理解方式是将其比作一棵不断分枝的巨树）与一个叫作“寒武纪”的时代有关，这个时代大约在5亿年前。之后突然出现了很多动物，之前其实很少。

究竟是什么让地球上突然冒出如此多的新物种，这个问题一直是科学界争论的焦点。所谓生命的“寒武纪大爆发”，至今仍是一个谜。有人认为直到寒武纪，海洋中的氧气含量才多到足以支持更复杂的生命形式的诞生。而另一些人则认为，当时发生的“生物军备竞赛”导致贝壳和骨骼等更复杂的结构出现，并显然具有优势。还有一些人认为，当时地球（包括海洋）被厚厚的冰层覆盖，生命在冰层下演化……不管怎样，我们仍有很多从未确定的事情，毫无疑问的一点是，那时地球上的生命蓬勃发展。

这种演化发展在一个分支中出现了包括我们人类在内的脊椎动物（你已经知道脊椎动物），在另一个分支中则出现了无脊椎动物，如牡蛎、蜗牛、蜘蛛、飞蛾等。几乎所有这些无脊椎动物的体形都很小，并被认为不聪明，唯一的例外是头足类动物。哲学家、充满激情的潜水员彼得·戈弗雷·史密斯在著作《其他思想》（*Other Minds*）中写道：“头足类动物（章鱼、鱿鱼和鹦鹉螺）在无脊椎动物的海洋中，是一座智慧的孤岛。”这听起来有点“夸张”，我们只用记住：章鱼、鱿鱼和乌贼是迄今为止地球上最聪明的无脊椎动物。然而，除章鱼之外，其他头足类动物都有类似“背骨”的结构，嗯，它更像是一个“背部加固”，即所谓的“乌贼骨”。我记得以前（可能现在仍然）能在宠物市场买到它。我的虎皮鹦鹉喜欢咀嚼这样的小骨头，据说有助于它们摄取矿物质。但我觉得，它们可能只是在磨尖喙并且玩得很开心。

章鱼放弃了这种额外保护——并且也一样游得很好。科学家们认为，从长期来看，重甲动物永远无法匹敌行动敏捷、快速的生物。因此，我们始终更希望保持快捷，而不是裹进厚厚的盔甲中。盔甲有安全感，但会让人笨拙得不可思议。让我们回想一下骑士时代吧，他们也曾经喜欢重型装甲，直到发现，一旦面对轻甲上阵、速度快、身手敏捷的对手就无计可施。顺便说一句，人们甚至可以用纸制作非常轻巧、箭却无法穿透的盔甲（在这一点上，中国遥遥领先）。

给聪明的脑瓜

中国纸甲是一种历史悠久的盔甲，直到 19 世纪，中国都在使用它。它由纸，也就是桑树纤维组成。纸被折叠多次，压实，借助胶水黏合在一起。纸筋被制成单独的鳞片，并用皮革条绑在一起。鳞片最后组合成盔甲，以保护肩膀、胸部、下腹部、生殖器、背部，以及部分大腿。

这样看来，章鱼当然不想再拥有其他无脊椎动物所携带的“背骨”。聪明如它，已经开发了许多其他的保护和防御机制，使盔甲变得不必要。

章鱼的身体

那么我们来谈谈章鱼的身体吧，毕竟这是让它在海洋中非常优秀的原因。

正如我们所知，章鱼是头足类动物——它们的腿，或者更确切地说是触手直接连接到头部。这可能会让它们在我们眼里有点像“袋状物”。基本上，它们是由一个巨大的头部、两只大眼睛和八只带有吸盘的触手组成。因此，章鱼经常被叫作“外星生物”也就不足为奇了。此外，它们没有骨骼或外壳，只有包裹内脏的柔软的外套膜。

章鱼用八只触手探索世界，我们人类也类似。我们想并且需要接触一切，尤其是我们尚不了解的新事物，它们的神秘让我们倍受吸引。演化生物学理论表明，章鱼的触腕是从肌肉发达的足部演化而来的。我们可以在其他软体动物身上找到类似结构，例如贻贝使用它来移动。我最近读了一本虚构的小说，描述了一位在布拉格（捷克共和国首都）的男人感觉自己被一只巨大的贝壳跟踪的故事。

我想与你分享下面这段文字，它描述了强健的肌肉足部。作者米歇尔·阿维茨写道：

> 人行道上有一只大约2.5米长的贝壳，[……]它正似乎充满敌意地透过狭窄的缝隙注视着我。然后它慢慢地将软足伸出下壳的边缘，碰到人行道，向我这边移动了一点，又缩回去，停下来，等待着。

当然，我们不必等待，可以再次说说章鱼。它的八只触手上各有250个吸盘，排成两排。所以它们总共有（等一下，我得先拿计算器）250×8，你们中有人可能会心算出来，但为了保险起见，我还是直接写下来：2000。好吧，章鱼一共有2000个吸盘，每一个都可以独立使用。想象一下，如果我们人类有2000根手指，也就是说，每只手有1000根手指，我们的大脑肯定要爆炸了。

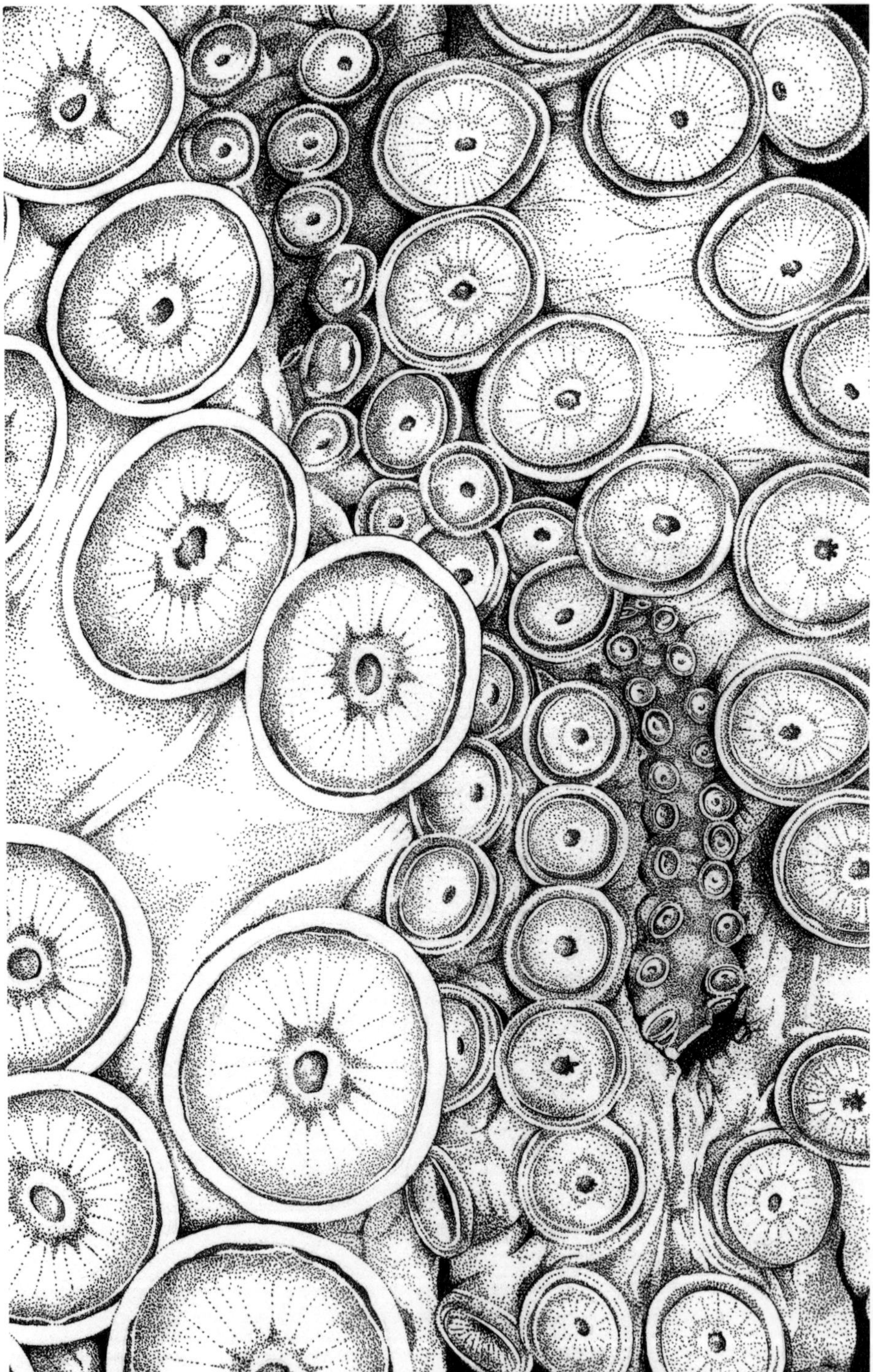

章鱼为此找到一个令人兴奋的解决方案，更彰显出它的与众不同。众所皆知，人类和其他脊椎动物的一切都由位于头部的大脑控制，但章鱼对事物的处理方式不同。它们整个身体（不仅仅是头部），一直延伸到触手，在某种程度上都可以视为大脑。实际上，你永远不知道其大脑的真正终点在哪里。当章鱼接触到某个物体，比如我们在水中的脚时，这个信息不必专门传递给头部才能决定如何反应。不，章鱼的每个吸盘都可以独立处理这些信息，并将其传达给所有其他吸盘。这听起来可能有点复杂，但你可以这么想象：章鱼所有触手始终知道其他触手和吸盘的位置，以及它们当前正在执行的任务，而不需要依赖头部的“中央大脑”。

通过这种方式，章鱼的中央大脑免受来自每只吸盘的信息洪流的影响。就好像我的 2000 根手指中的每一根都想亲自和我说话，甚至给我打电话。想象一下你的大脑同时接到 2000 条电话信息，噗！那一定很烦人！

我特别喜欢章鱼的身体，就是因为其灵活性。

脊椎动物因为受到关节形状的限制，运动的形式也是有限的。我们人类根本无法随意向各个方向移动手臂和腿。即使你猛练瑜伽和普拉提也做不到。

而章鱼可以完全改变整个身体形状。它们非常有弹性，可以像橡皮筋一样伸展。还有，它们甚至可以让头部和眼睛变形。因为它们没有骨骼（更没有脊椎之类的东西），而且有着灵活的肌肉。

说到肌肉！当我告诉你章鱼非常强壮时，不要惊讶。它们吸盘的抓握力很好，就像人类用拇指和食指一样。

让我们来看看一种特殊的章鱼，同类中最大的太平洋巨型章鱼（它是我最爱的八种章鱼之一）。雌性甚至有 2240 个吸盘，其中最大的吸盘直径约为 6 厘米。章鱼可以用这样大小的一个吸盘拉起或举起 16 千克的重物——这个重量大约是其自身体重的 20 倍。重达 50 千克的章鱼能举起大约一吨重的东西。

一吨是非常重的——相当于我们举起一只河马，或者两只北极熊，或者十头大野猪。而且是一次性！

事实上，我们人类最多能举起两倍于自身体重的东西[1]。但最好不要轻易尝试，会伤到自己。反正我们有各种各样的机器，可以用起重机来为我们搬重物。

我了解到，哈佛大学约翰·保尔森工程与应用科学学院（简称SEAS）和北京航空航天大学的研究人员成功研制出一种看上去和工作起来都像章鱼触手的机械臂。它可以轻柔地包裹和握住物体，它的吸盘可以利用真空来抓取和提起任何东西。当然包括很重的物体——而且很快！我想如果有迷你的章鱼手臂机器人出售，我可能会买一个。我想象它从书架上一次性递给我八本书，或者用八把菜刀同时切八个洋葱，或者从超市拎着八只购物袋回家。哦，我猜你也能灵感迸发，想出很多其他妙用。

1　举重运动员最多可以举起自身体重 5 倍左右的重量。——编注

给聪明的脑瓜

更引人注目的是：马克斯·普朗克智能系统研究所和宾夕法尼亚州立大学的科学家们已经研发出一种材料，一旦损坏可以在几秒钟内自我修复。这种橡胶状材料的灵感来自墨鱼。研究人员在自然界中寻找智能的、具有自我修复功能和材料柔软的模板。他们终于在墨鱼身上得到启发。然后，他们进一步研发蛋白质分子结构，使愈合过程时长不到一分钟。该物质将用于机器人，更准确地说用于机器人身上柔软的部分——因为制造它们的目的是与人互动，而柔软的部分往往会更快发生故障，或者会被损坏。新的自我修复材料将使它们更耐用。据研究人员称，这种物质也可以用于服装。科学家们还希望将其用于制作防护服，例如工作手套等。

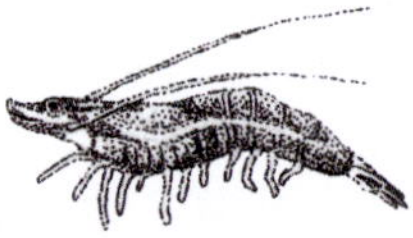

顺便说一句，这一整个科学分支被称为“仿生学”——将自然界的现象和能力转移到技术设备上。人类喜欢重新创造自然界中存在了多年的事物（并为自己所用）。章鱼机械臂只是一个例子，其他的你可能更熟悉：

1. 尼龙搭扣：灵感来源于植物上的毛刺。

2. 声呐：用于潜艇，以便它们可以在水下定位自己；从海豚和蝙蝠那里借鉴而来。

3. 通风系统：以白蚁为模仿对象，白蚁在其巢穴中建造出优秀的通风系统。[1]

4. 螺旋桨：从枫树的翅果获得灵感，用于飞机。

5. 游泳脚蹼：从自然界中的青蛙和水禽得到启发。

6. “鲨鱼皮”泳衣：以鲨鱼皮为模型，鲨鱼很擅长在水中穿梭。[2]

7. 贴膜：以壁虎为原型，它可以轻松地爬上垂直的墙壁。

8. 汽车车身：受蟑螂坚固外壳的启发，开发更具抗冲击性的车辆。等等，等等。

1　这里提到的一些进展也许不是人类直接学习生物的成果，但这些工程技术领域的发展恰好与生命亿万年演化的产物殊途同归。——编注

2　2009 年 7 月，国际泳联宣布全面禁止在比赛中穿着“鲨鱼皮”泳衣。——编注

1.
尼龙搭扣
2.
声呐
3.
通风系统
4.
螺旋桨
5.
游泳脚蹼
6.
“鲨鱼皮”泳衣
7.
贴膜
8.
汽车车身

第 05 章

万物皆流

我有一只章鱼
它甚至喜欢床单
把它放进水族箱
就向我挥手

你是否听说过古希腊最著名的名言之一？它就是“万物皆流”（Panta rhei）！它是由著名哲学家赫拉克利特写下的。他的意图在于表达生活中万事万物都在运动，都处于不断变化和转变中。就算人们希望，事物也不会静止不变——我从这个观念中学到很多。

当然，章鱼也在变化；像所有其他物种一样，它们在数百万年的时间里适应着地球上的生活——如果它们不成功，就会濒临灭绝。猛犸象、披毛犀和剑齿虎就因无法适应新气候条件而灭绝。一切都在变动——我们也随之而动。

章鱼究竟住在哪里？

所以让我们继续动起来，进一步看看章鱼如何在水下移动，以及它们如何生活。首先，你必须知道，只要章鱼乐意，它们几乎可以像人类一样四处旅行。它们能够用两条腿，呃，是两只手臂在地

面上跑。在印度尼西亚海岸，有章鱼收集和清洗椰子壳并用来藏身。如果它们需要这些东西，还可以随身携带（好比我们露营带帐篷，或更贴切地说：好比房车一样）。

章鱼生活在所有咸水区，无论海水有多冷、多暖或多深。在微咸水中，即淡水与咸水混合区域也有章鱼。甚至据说还有淡水章鱼，但其存在还没有得到证实。一些别的动物也可以既生活在海里，也生活在河流、湖泊等地方。说到这里，让人不由得联想到牛鲨，当然还有鲑鱼和湾鳄。既然这样，那么未来淡水里说不定也会出现几只章鱼，但就像我说的，这些都还只是推测。

顺便说一句，章鱼尤其偏爱花里胡哨的住处。它们不仅收集椰子壳，还收集石头、贝壳、瓶子、绳索、旧凉鞋、生锈的锡罐等，然后把它们运到珊瑚礁的裂缝中，将所有东西堆放在入口处（以便更好地保护自己）。对于不知何故落入海中的特别好的藏身处，比如花瓶和陶罐什么的，章鱼有时甚至会争抢不休。

帮助章鱼找到 8 件可以让它躲避天敌的物品。

答案见第 126 页

从老太太到火箭

章鱼像一位穿着飘逸连衣裙的老妇人，在海床上缓慢摇摆着迈步向前的场景令人难忘。章鱼通过模仿海藻在水流中的运动，尽量避免引起注意。我最近在写另一本书时了解到，人们可以用完全不同的方式来描述水流：海中的水，就像在河流中一样流动。听起来不错，不是吗？而章鱼喜欢生活在平静的海域或不太强的水流中。

当然，轻微水流有时对章鱼也有用，因为可以漂流，而且它们已经发展出自己的运动方式。所有章鱼都有“虹吸管”，其另一个名字是“漏斗器官”。它是章鱼可以用来呼吸的一个小管，还可以用它排出水、墨水和粪便。我们之后将更详细谈论墨水的事情。很有趣的是，章鱼可以像“水下火箭”一样将自己从A处弹射到B处。

也许速度没有火箭那么快，但火箭工程师的确从章鱼那里借鉴了“反冲原理”（你已经学到了关键词：仿生学）。缺点是章鱼向后退时看不到四周。因此，它让所有手臂以流线型的方式环绕身体，以避免撞到水下岩石而受伤。

与几乎所有海洋生物一样，章鱼的皮肤有一层黏糊糊的表层。你用手抓过鱼吗？就是那种感觉。黏液保护其皮肤，帮助它更好地在水中滑行或挤入岩石中的狭窄裂缝。如果章鱼需要离开水一小段时间（它们可以离开水），这一层黏液还可以保护它们不会立即变干。黏液还有另一个特殊功能——章鱼能借助它用全身品尝味道。想象一下，假如我们整个身体都能品尝巧克力的美味，那多好啊！

顺便说一句，学者还曾在水族馆中观察到一只章鱼瞄准塑料罐，通过虹吸管喷出水流射向它。章鱼不停地让塑料罐撞在水族箱的墙上，好像在消磨时间——纯粹是为了好玩。还有一只章鱼（在科堡海星水族馆）会向水族箱的玻璃扔石块，甚至用水流喷射灯箱，结果经常导致短路。要知道，章鱼不喜欢明亮的灯光，它们会朝所有困扰自己的东西“呲”水。

章鱼墨汁

几乎人人都知道乌贼会喷墨汁——鱿鱼、章鱼之类的也一样。人们想知道这种墨汁是否可以用来写字。是的，理论上可以用它来写字，但它太黏了，无法被填充到钢笔或墨盒中。罗马人（你知道的恺撒等人）发明了一种方法：先将头足类动物的墨囊晾干，然后在研钵中研磨。从中获得的染料色被称为“乌贼墨色”。用乌贼墨汁进行书写的历史开始于1780年。我觉得罗马人更多是用它来烹饪而不是写作。直到今天，乌贼墨汁也被用于为意大利面着色。

章鱼的墨汁更重要的是作为一种高效防御策略。一旦章鱼受到（如抹香鲸、海鳝、海鳗、长须猫鲨、石斑鱼、鲨鱼，以及海豹和海豚等的）威胁，就会以闪电般的速度吸水并混合墨汁后喷出。章鱼将整个身体隐藏在浓密的墨汁云中，让捕食者摸不着头脑。此外，这种墨汁会刺痛对方的眼睛，甚至堵塞掠食性鱼类的鳃。更巧妙的是（章鱼真的可以做到）墨汁中还含有微量的毒素。中招的章鱼天敌会误以为美味到手，自己正津津有味地吃着。这真的很机智，不是吗？章鱼在小腺体中携带足够多的浓缩墨汁，如有必要最多能连续喷墨六次。无论如何，这“把戏”为它赢得了足够的逃生时间。

欺诈大师

当然，章鱼希望不用走到这一步。而它也为此做好了充分准备，因为它是个骗术高手。它的皮肤能做到的事情，会让你咋舌。

章鱼其实可以在环境中呈现出任何图案、颜色或外表——而且这一切都在眨眼之间完成。此外，它还可以改变皮肤质地，让表面不再光滑，而是像砾石一样呈现颗粒状，或者像海藻一样弯曲，像珊瑚一样呈锯齿状。如果你问我的话，那变色龙在它们面前简直就像学徒，章鱼才是真正无与伦比的变装大师。此外，尽管章鱼是色盲，但仍然可以在身体任何地方呈现出各种图案所需的条纹、圆点和斑点。我们该如何更直观地想象这种色彩变化呢？嗯，可以设想章鱼的皮肤像一个电脑屏幕，这个比喻已经非常贴切了。

你能找到藏在这里的 8 只章鱼吗?

答案见 128 页

此外，章鱼能表现出情感，你完全可以看出其想法。它们愤怒时通常会变成砖红色，受到惊吓时眼睛周围通常会出现黑色圆圈。如果它们迅速改变颜色（并且周围没有敌人），那其实只是它们在考虑问题。章鱼捕猎时也常常改变颜色（有各种伪装意图）——例如，让皮肤呈现仿佛乌云堆积的图案。在猎物看来，章鱼好像在运动，但其实它一动不动地潜伏着。有人告诉我，这是它捕捉螃蟹的妙招。

当章鱼试图从饥饿的捕食者面前逃走时，它会迅速改变颜色、图案和形状。一番操作之后，捕猎的鱼很快就晕头转向，让章鱼逃之夭夭。有时章鱼会膨胀，变成深红色（我们已经知道：愤怒！），突然显得比实际的体形大得多，这样就足够抵御外敌了。

超能力

在海中，章鱼经常不得不为生存而战，时常受重伤。在搏斗中，它们会很快失去触手。这时，章鱼的另一个超能力出现了：断臂能迅速重新长出来！短短一周内就可以看出来，最迟一百天后触手将完全长出。有时章鱼身受重伤，甚至会断臂自保。想象一下，如果我们也可以随时随地长出新的手或脚将会是怎样一番情景？只有电影中的超级英雄才能做到这一点,他们一定是从章鱼那里偷师的（你知道的，又是“仿生学”）。

地球上还有其他动物能以自己的方式做到这一点。我曾经喜欢捉蜥蜴，甚至把它们带到了学校。有一次在衣帽间我不小心把蜥蜴放了出来，于是它们爬进了大家的鞋子和夹克里，你肯定想象不到学校里闹成了什么样子。无论如何，蜥蜴在要被抓时会甩掉尾巴（科学家称其为“自截”）以迷惑猎手。当然它们的尾巴也能长回来，我亲眼所见，实在令人惊叹！

事实上，当写下这本关于章鱼的书时，我在报纸上读到：海蛞蝓（囊舌类）可以从头向下重新长出整个身体（器官等）。你知道了这一点，也要心怀善意哟。这种蛞蝓（之前我还从未听说过）即使从头部断开，失去了整个身体，头部以下的一切也都能重新长出来，包括一颗全新的心脏。研究人员推测，蛞蝓这样做可能是为了摆脱体内的寄生虫或疾病。动物的能力难道不是很神奇吗?

回到我们的主角章鱼，它还有更多技巧。例如它可以挤进非常狭窄的孔或从其中滑过，这也非常实用。此外你必须知道，它唯一坚硬的身体部位是位于眼睛之间的一块不能移动的软骨——当然还有它的喙。是的，你没听错，章鱼有一个像鹦鹉一样的喙。其全副牙齿也称为“齿舌”，位于其身体下侧，八只触臂之间。你曾经被鹦鹉咬过手指吗?我们必须非常小心，因为它们咬得很紧、很疼。千万不要把手指放进大章鱼的嘴里。

你能找到威胁章鱼的 8 种动物吗?

答案见第 130 页

研究员曾经甚至将一只太平洋巨型章鱼锁在一个透明容器中。穿过一个只有6厘米宽的洞是它唯一的出路。这6厘米正好对应它两眼之间那块不动软骨的大小。章鱼用触手摸了摸洞口，居然毫不犹豫地挤了过去。在另一次实验中，逃生洞口的宽度被减少到4厘米——章鱼再次触碰出口，但这一次它无动于衷。实验清楚表明，章鱼对自己身体有着敏锐的感知，可以准确判断出究竟多大的洞或缝隙能冒险穿过。它简直是一位出逃高手啊！

给聪明的脑瓜

我为对头足类动物感兴趣的你，准备了三条关于鱿鱼的有趣信息：

1.

海洋中有一种叫作“玻璃鱿鱼”的生物，它们通过体内具有氨溶液的腔室保持浮力和平衡，身体看起来几乎透明，即便是在光线充足的浅水水面上都难以被发现。我们只能看到其身体极少的一部分：消化器官和眼睛。顺便说一句，它们的英文名是“cockatoo squid”，即凤头鹦鹉鱿鱼，因为它们的触手折叠，像鹦鹉冠一样堆在头上。相信我，这种头足类动物看起来真的很像美冠鹦鹉！

2.

一种鱿鱼名为“异帆鱿鱼”(*Histioteuthis heteropsis*)，拥有一只小蓝眼和一只异常巨大的黄色眼睛。不对称的面部特征使这种鱿鱼看起来非常怪异。自该物种被发现一百多年以来，专家们始终在猜测这双不对称眼睛的意义。2017年，谜团终于揭开：这些鱿鱼在公海里头朝下，采用近乎垂直的姿势倒立游泳。其大眼向上，而小眼则一直向下看。这是否意味着每只眼睛都执行不同功能，并适应不同光源？是的，这个假设被证明完全正确！较大的眼睛在向上看，以便在微弱的光线下发现敌情。较小的眼睛向下看——它为什么更小，是因为深海中很多东西会发光，即便用较小的眼睛也很容易看到。

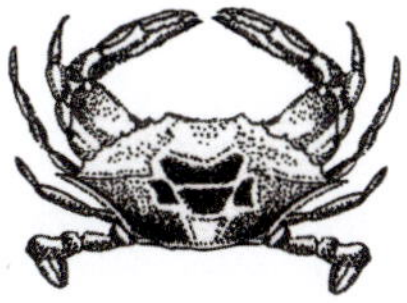

3.

杀手鱿鱼！红魔！致命触手！——关于洪堡鱿鱼的电视纪录片并没有吝啬使用耸人听闻的词汇。它的拉丁学名“*Dosidicus gigas*”（美洲大赤鱿）也非常适合在电视上被妖魔化为吃同类和吃人的野兽。它不仅喜欢攻击潜水员，而且还喜欢吃掉同类中体形较小的个体。它简直就是鱿鱼中最有名的同类相食者。

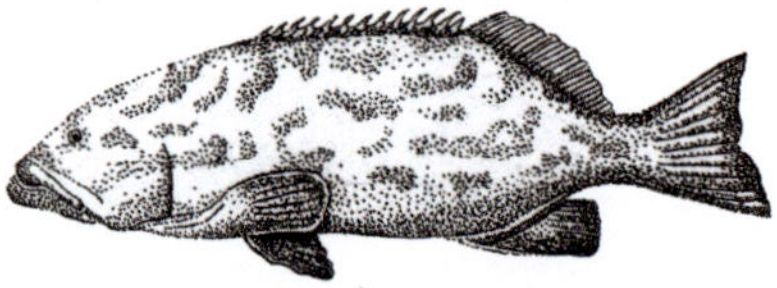

既然我们提到了章鱼的牙齿——它们最喜欢的食物是什么呢？我喜欢比萨、意式千层面和炸薯条（因为它们合我口味），但章鱼更喜欢吃螃蟹、虾和其他贝类。章鱼甚至可以将一只触臂当成钓竿，挥舞着在螃蟹的住所前晃动，直到螃蟹突然一口咬住——螃蟹就这样中招了。章鱼吃一只中等大小的螃蟹需要耗费半小时——大约是我吃比萨的时间，但谁又会关心我吃东西的时间呢？

第06章

章鱼的眼睛

假如章鱼骑自行车
你认为它会弄错
两只触手扶着龙头
两只在踏板上
还能剩下四只
它怎么会不得意呢

安托万·德·圣埃克絮佩里的世界名著《小王子》里说:“只有用心才能真正看到本质,肉眼是看不见的。”还有另一句著名的谚语:“眼睛是灵魂的一面镜子。”我不禁要问:当我们看向章鱼的眼睛时,我们看到了什么?

全方位视野

章鱼的眼睛和我们人类的很相似——通过“镜头”看世界。我们都有透明角膜、眼睑、调节亮度的虹膜和构成背景的视网膜。与我们相比,章鱼可以用“广角模式”看东西,几乎可以说它具有“全方位视野”。为了更好地了解这一切,最好的办法是借父母手机,将相机设置为“广角”(大多数手机都可以做到这一点)。然后你在屋里拍几张照片,仔细看看。你会发现使用“广角”后无须左右转动头部,就可以看到房间里的更多东西。而人类视野要窄得多——如果想知道背后发生了什么,我们需要转过头来。头足类动物则不

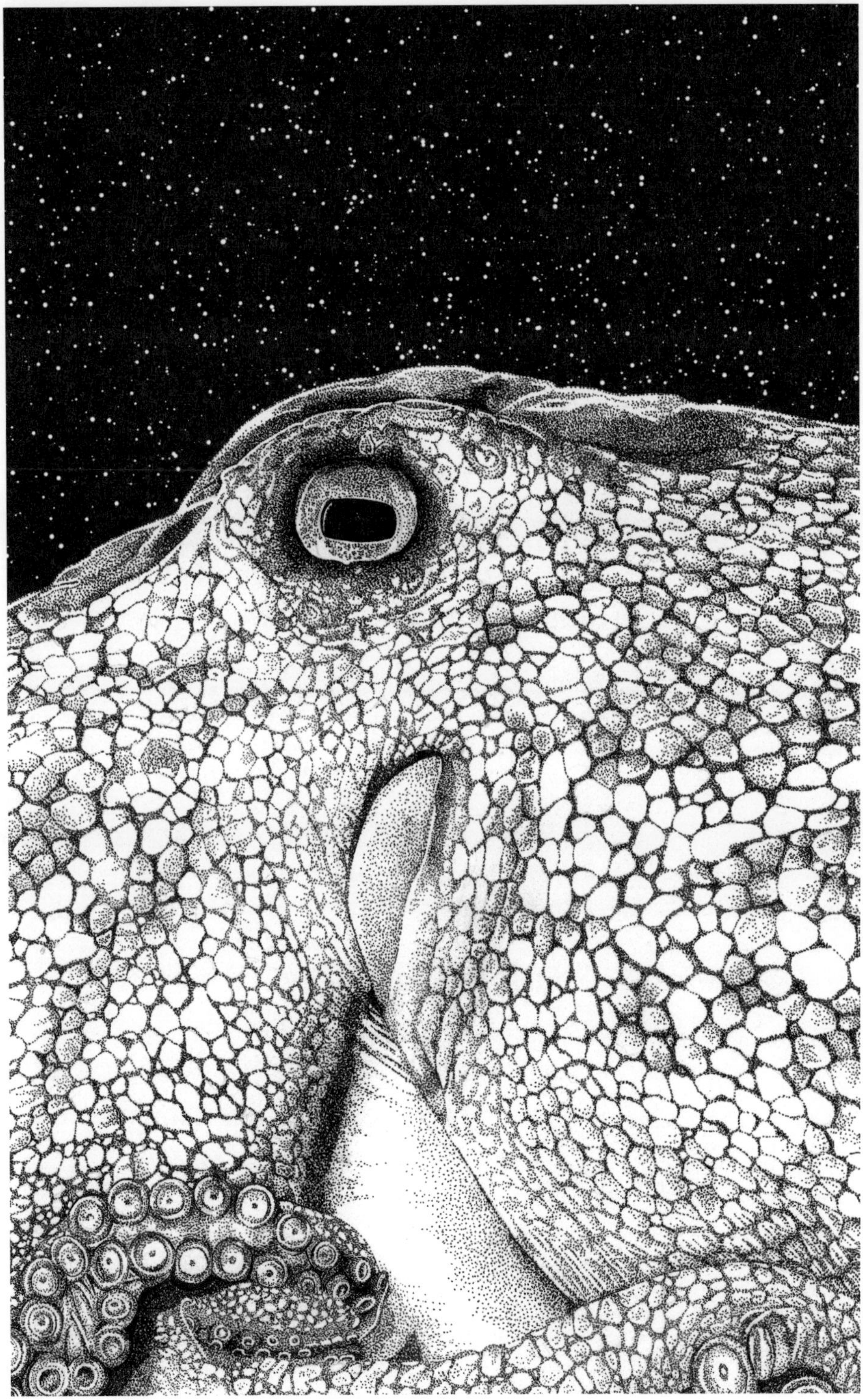

需要。此外，章鱼可以移动单只眼睛朝不同方向凝视。它也能眯起眼睛，像变色龙一样。然而，章鱼看不到很远……只能看到大约 2.5 米远的地方。再加上水下能见度大多有限，一般不能像在陆地上一样看那么远，因此章鱼更喜欢依赖其他感官。

你想知道哪些动物视力最好吗？正如我所说，那些在陆地上的鸟类，如鹫或鹰，它们的眼睛里其实相当于内置了望远镜，所以它们隔着很远的距离都能看得非常清晰（比如 500 米外的一只小老鼠）。当然，所有猫在夜间的视力都非常好。因为猫的眼睛中有一层反射层，即脉络膜层（拉丁语为 tapetum lucidum，意为“发光的地毯”），它们可以通过它来“增强”夜间光线。这就是当你在黑暗中用手电筒照过去，猫眼会发光的原因。也许你的自行车上安装了所谓的塑料反光器，它们在黑暗中发出美妙光芒（你知道的，又是“仿生学”！）。我真的很想提到蜻蜓，它们的复眼由三万多只小眼组成，因而对动作的观察力特别敏锐（即使它们自身在快速移动中）。蜻蜓拥有真正的 360° 视角，而且它们还可以看到“紫外线”，这意味着对它们来说，周围的一些物体在发光，从而更容易辨认。而且，它们真的能将水中的景象看得清清楚楚，是不是很酷？这个话题说得差不多了！

章鱼的瞳孔在我们看来很奇怪，像一个黑色长方形。我那上了年纪的数学老师会喜欢，我知道他尤其喜欢矩形。章鱼和人类有一个共同点——都有“优势眼”。有趣的是，每个人都知道自己是右撇子还是左撇子，但几乎没有人知道自己哪只眼睛更占优势。

顺便说一句，透过相机取景器观察的那只眼睛并不一定是优势眼。你可以快速尝试一下，找出自己的优势眼。测试相当简单：用拇指和食指形成一个小圆圈，伸出手臂，指向附近的某个目标。保持双眼睁开并固定手指非常重要。如果你现在交替闭眼，闭上一只眼睛，然后再闭上另一只眼睛，你会发现目标对象一次在小圆圈内，一次在小圆圈外。当物体在圆圈中时，你正通过自己的优势眼观察。我试过了，知道我的右眼占主导地位。理论上，章鱼也可以做这个测试，但我肯定它早已经知道结果。

给聪明的脑瓜

在相关的著名“镜子测试”中，章鱼的表现非常有意思。学者试图通过“镜子测试”找出哪些动物能在镜子中认出自己，即它们知道镜子里是自己，而并非同类。事实证明，所有类人猿都通过了该测试，海豚、喜鹊和乌鸦也一样。章鱼却不在此列。当然，即便没有通过“智力测试”，有只章鱼也赫赫有名——章鱼保罗的名字立刻浮现在我脑海里。

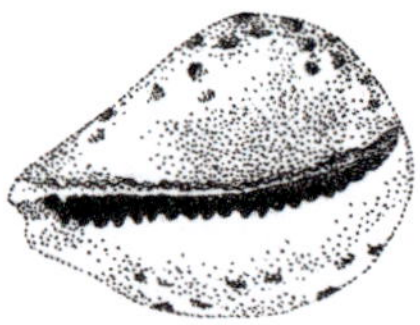

在德国，生活在“奥伯豪森水族馆”的章鱼曾因为准确“预测”了 2010 年世界杯期间所有德国队比赛场次的结果而令举世震惊。从那以后，每支买得起大西洋章鱼的足球队，都在其水族箱里养了一只，以至于这种章鱼的价格上涨了 10 倍以上。无论如何，在大众心目中这种软体动物的形象已经有了很大改观。这究竟说明了什么呢?

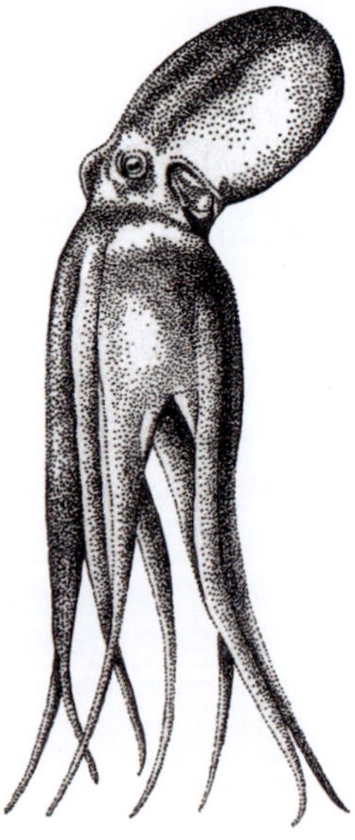

章鱼的思维方式与我们不同

我已经告诉过你，章鱼的思维方式与我们完全不同，因为它们有一个“中央大脑”，触须中基本上还有八个额外的大脑，总共有九个。中央大脑就在嘴的后面，其位置环绕食道周围。可以这么理解，章鱼进食时，食物会直接穿过其大脑，所以它们必须小心翼翼，不要一口吃太多，以免意外损坏大脑。

和人类生活在社会群体中不一样，章鱼作为严格的独居者，必须独自获得一切。更令人惊讶的是，它们学会了自行解决许多复杂问题。或者换一种说法：倘若章鱼以家庭为单位生活在一起（并且寿命更长），那么它们肯定会与我们势均力敌。在你追问之前，我先要告诉你，野外章鱼大约只能活两三年。随着它们的死亡，它们所知道的一切也烟消云散。当章鱼即将死去时，皮肤会变得苍白，仿佛突然下定决心要从这个世界静默退场一样……

还是让我们聊聊不那么伤感的事情吧，比如章鱼的睡眠。它们像我们一样每天睡觉，甚至有一些个体是彻头彻尾的瞌睡虫，嗯，像我们人类中的一些一样。科学家们一致认为，一些动物会像人类一样做梦。这已经在狗和猫身上得到证实，研究人员也一致证明章鱼会做梦。至于原因并没有最终说明——即使对我们人类来说，做梦的原因也不明了。据说这与大脑如何处理和存储记忆有关。你想知道哪种动物的睡眠时间最长吗?

1. 蝙蝠（长达 20 小时）
2. 刺猬（18—20 小时）
3. 狮子（18—20 小时）
4. 树懒（15—20 小时）
5. 考拉（14 小时）
6. 猎豹（12 小时）
7. 黑猩猩（10 小时）
8. 大猩猩（10 小时）

在整个动物王国中，哪种动物的睡眠时间最短? 我肯定你自己能找出来——小提示：先看看诸如长颈鹿、马和黄蜂之类。獾㹢狓[1]

1　长颈鹿的近亲，生活在非洲。——编注

第一，哇哦！

和我们一样，章鱼拥有出色的短期和长期记忆，这说明了它们具备非凡的思考能力。你已经知道它们会旋转打开罐子。原则上，它们也可以通过观察其他章鱼来学习，这毫无疑问证实了它们拥有智慧。

章鱼的性格

就在最近，我在电视上看到章鱼通过了棉花糖测试，这是孩子到了四岁左右才能通过的测试。你想知道棉花糖测试是什么吗？心理学家发明它来测试智力，是关于“延迟奖励”的。听起来很复杂，但其实不然：想象一下你们非常饥饿，而最喜欢的食物是巧克力。我（现在扮演心理学家角色）给你们每人一块巧克力——但我说，如果有人不吃第一块巧克力，就会得到第二块。然后我离开房间。你们会先等我回来，还是立即吃掉第一块巧克力呢？无论如何，章鱼都会等（顺便说一句，猿类、狗和乌鸦也通过了这个测试）。

当然，和我们一样，章鱼也个性迥异——例如有些章鱼非常好奇、值得信赖和勇敢，而另一些则更加胆小或矜持。这当然源自它们的经历，或者可能因为其生活条件。海洋生物学家乔舒亚·罗森塔尔的一项实验表明，由于生活条件不同，两只章鱼同胞的行为迅速发生了变化。一只章鱼经常藏在水族箱里的花盆里，过了一段时间后变得害羞和疑神疑鬼。另一只章鱼没有在水族箱里找到好的藏身之处，它反而变得外向、开放，对什么都兴致勃勃。听起来很有逻辑，不是吗？想象一下，如果我们大部分时间待在公寓里，甚至只躲在自己房间里，当突然不得不去公园或超市时，我想我们会被吓死的。

我还没有提到章鱼的一个特征：它们有三颗心脏！一颗主心脏，加上两颗起支持作用的鳃心脏。研究人员一致认为章鱼通过这样的构造来弥补其生理上的短板：血液！章鱼的血液是蓝绿色的，与人类的不同。人类的血液（尤其是在它所含铁的帮助下）可以很好地输送氧气。章鱼也需要大量的氧气，但它们的血液功能不够好（不含铁）。科学家们认为，章鱼因此长出了三颗心脏，另外两颗位于鳃部，帮助吸收氧气。

给聪明的脑瓜

我承认，在尝试找出章鱼是否会像人类一样心脏病发作时，我发现了人可能死于心碎综合征的医学事实。当左心室（在各种情绪因素，例如悲伤和痛苦的作用下）异常变形时，会出现这种症状。这种单侧心室畸形让日本医生联想起他们熟悉的东西：章鱼陷阱。这是渔民在海底铺设的窄颈黏土容器，在日本被称为 tako-tsubo（蛸壶）。世界各地的心脏病专家（心脏专家）将心碎综合征称为“tako-tsubo 综合征”（也称“应激性心肌病”）。我慢慢觉得，头足类动物真的无处不在。

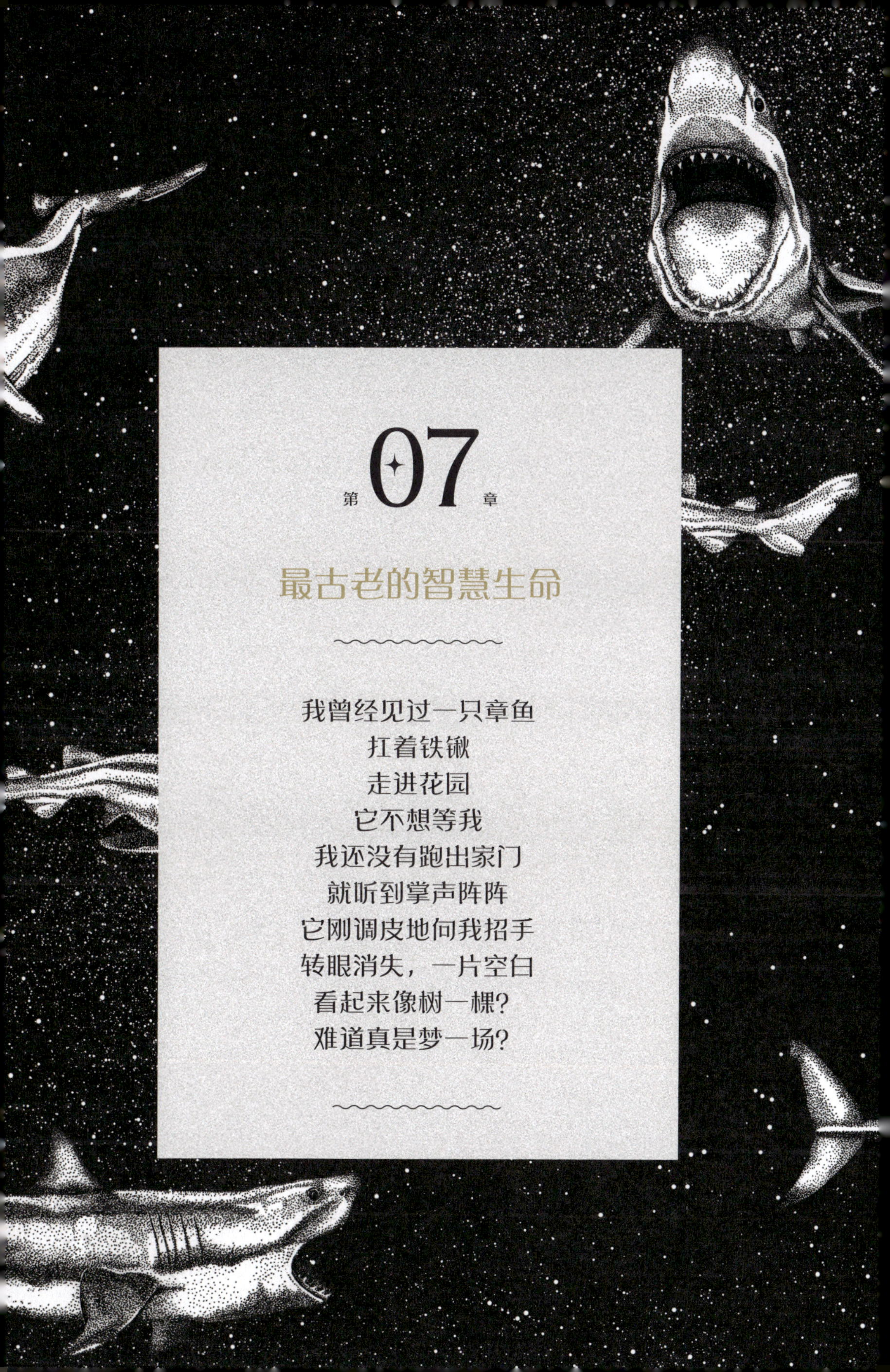

第07章

最古老的智慧生命

我曾经见过一只章鱼
扛着铁锹
走进花园
它不想等我
我还没有跑出家门
就听到掌声阵阵
它刚调皮地向我招手
转眼消失，一片空白
看起来像树一棵？
难道真是梦一场？

章鱼已经在地球上生活了很久很久，在海洋中漫游了 4 亿年，它们是地球上最古老的智慧生物。2015 年，一个国际研究团队破译了加州双斑章鱼（*Octopus bimaculoides*）的“基因组”。基因组也被称为“遗传物质”——包含生物构成的所有信息。你肯定知道基因，它们使事物看起来像它本该有的样子。例如，某些基因（或基因序列）决定了我们眼睛的颜色。我们的整个基因组（遗传物质）是父亲和母亲基因组的混合体。这一切听起来很复杂，毕竟它本身就是一门科学，即遗传学。也许你只记得基因就像生物的蓝图，但你肯定知道电影《侏罗纪公园》，研究人员试图在古老遗传物质的帮助下复活恐龙。谁知道呢，也许有一天这真能成为现实。无论如何，我读到过学者们一直在尝试用基因工程让灭绝的猛犸象重现地球。

我真正想说的是，章鱼的基因组比人类的还要庞大。人类的基因组有大约 25,000 个基因，而章鱼的有大约 33,000 个。章鱼的基因数量竟比我们的还要多，你发现了吗?

繁殖

顺便说一句，章鱼的繁殖并不是什么大秘密，像人类的一样。然而，某些章鱼物种中的雌性后来发展出吃雄性的倾向，对雌性章鱼必须格外小心。交配后一段时间，雌性章鱼会根据水温和季节产卵。不像鸡下蛋只有几个，不！太平洋巨型章鱼可以在三周内产下 67,000 到 100,000 颗卵！虽然听起来数量庞大，但其中能真正长大的大约只有两颗！母章鱼看管卵并牺牲自己；为了专注于（保护）后代，母章鱼无微不至地照顾它们，甚至到了不吃不喝的地步。当小章鱼终于孵化时，母章鱼将死于饥饿和疲惫——小家伙们现在要完全靠自己了。

我不敢想象这些迷你版章鱼即将遭遇的潜藏在海洋深处的种种危险，但我们可以信任大自然母亲。她总会让足够数量的个体生存下来，延续该物种。我想再提一下：章鱼在地球上已经生活了 4 亿年——直到今天一直适应良好。而我们人类在这个星球上只存在了微不足道的几百万年。我们将看到，这种历史悠久的生物如何与我们两足动物继续并存下去。

科学家（和未来学家）长期以来一直在思考，到底哪些生物将在我们的星球上继续演化发展。甚至还有一部相关的、较老但仍然很优秀的纪录片，名为《未来狂想曲》。有人猜测章鱼有朝一日会离开水，然后生活在陆地上，这并非天方夜谭！未来可能会突然出现大象块头的陆地鱿鱼（在纪录片中被称为“巨型鱿鱼”）漫步在森林中。从一棵树跳到另一棵树的更小的章鱼个体（“捷树鱿”），可能最终成为地球下一个更智慧的居民。

无论如何，未来有着无穷无尽的可能性……

说起来，我要讲个什么样的故事来结束这本书呢？什么都没有，因为你已经读了这么多故事——但会有一个小小的奖励！现在你知道了我所知道的有关章鱼的一切。我相信很快你会懂得更多，不知怎么的，我有预感，这绝不会是你唯一的一本章鱼书。

你能找出两张图片之间的 8 个不同之处吗?

答案见 132 页

你必须非常仔细地观察海底世界！

人们经常会问，获得知识究竟有什么用？比如，可以告诉父母/朋友/同学你所发现的一切。或者，你自己写一本关于章鱼的奇想故事书会更棒，结合你目前所掌握的知识，让想象力肆意发散。

我知道这说起来容易，但我会做一个好榜样——接下来轮到你了，你答应了吗？

第 08 章

不同寻常的变化

两只章鱼进银行

一胖一瘦

为所欲为

窃窃偷笑

一天早上，当我在礁石缝隙中从烦恼的梦中醒来时，我感觉自己忽然变成了一个人。我知道这听起来不可思议，你肯定觉得不可思议！一个人！对于我们章鱼来说，这无法想象，对于人类，我们充其量只能从沉船中略知一二。几乎每座“水下公园”都有一些人类骸骨躺在周围，之后还会有更多。我想站起来，但指挥两条胳膊和两条腿并不容易。令人难以置信，人类就这样维持生计吗？要知道，八只手臂肯定好用得多，我花了几分钟才让自己从缝隙中挤出来。我不情愿地嗅了嗅。

当然，我不知道如何应对这新局面，我到底是在做梦，还是噩梦已成真？我伸出双臂，上面没有吸盘，而是有着无数细毛。我几乎无法抑制那种要窒息的感觉，在水下，皮肤上那种毛茸茸的感觉真的让我难受异常。几只鲱鱼出乎意料地从我身边游了过去，我轻轻动了动手臂，成千上万的毛发在水流中晃动，它们似乎很喜欢这种景象。

有那么一瞬间，我满以为自己不过是一只有两只触手和两条腿的章鱼，也许在海里并不显眼，但我立刻就清醒了。因为同类一瞥见我，就好像被狼蛛咬了一样，转眼消失在附近的一块礁石中。而我和他平时很熟，甚至从来没有吵过架，我一定是真的发生了什么事。“好像被狼蛛咬了一样”，这么深奥的表达方式，正常情况下我根本不会这么说。我的意思是，我连狼蛛究竟是什么都不知道，但那肯定是非常可怕的玩意儿。

所以我不仅外形像人，思维也像人，甚至连（陆生动物所用的）词汇在这场奇怪的梦境中都跃入了我的脑海。通常，如果一条鲨鱼游上来，我会以非常酷的方式喷出一些墨水，心里想，给你尝尝这个，你这个软骨头[1]。而现在，一想到鲨鱼我就不寒而栗，好像突然瘫痪了，思维混乱，是的，恐慌（请不要将这个词与日本人一词相互混淆[2]）。会吃人的，会吃人的，快逃命吧。真是够了！

1 鲨鱼是一种软骨鱼。——编注
2 德语中，“是的，恐慌”（Ja, panisch）和“日本人”（Japanisch）的读音一致。——译注我试图以优雅的方式在水中滑行，以摆脱那种令人讨厌的感觉，我觉得自己已经被一群鲨鱼咬了一通。哦，神圣的鲭鱼，人类甚至可以在水下呼吸吗？我感到窒息，窒息！呃，等等。碰巧有一些人类出现在礁石上，它们游得很慢，不像肥海牛，但到处都能听到它们的呼吸声，气泡，冒出很大声音的气泡。显然人类可以在水下呼吸，于是我重新缓过气来。

如果将来我以人类的身份生活在水下，我必须吃什么？我过去能用八只触手抓住任何想要的东西。毫无疑问，两只手臂会很难，我也不能一直在海底走来走去。在我看来，在水下时腿似乎会妨碍行动，而且几乎没有用处。我知道，螃蟹、龙虾之类的也有腿，嗯，它们本是我慢慢享用的早餐啊！这下可以看出腿有什么好处了：一无是处。对于章鱼，我之前提出了一个理论，即海洋中任何有腿的东西都会比没有腿的更快被吃掉。那些有触手或鳍的动物显然更适应海洋生活。腿绝对是演化的死胡同。

我的思维到底认为自己是章鱼还是人类呢？可能仍是章鱼，因为人类处于这样的境况下肯定会大声抗议。也许一切还没有那么糟糕，我很快就会再次成为一只完整的章鱼，不再吞下人类吃的东西。“啤酒花和麦芽”，那是什么？我决定不去想它，笨拙地向一些珊瑚游去，可能最好的办法就是在这里停下来伪装自己。“泊车”？脑海里冒出这个词。“别想了，别想了，用你的九个脑袋，什么都别问，弗拉迪斯拉夫 · 沃斯托克，会好的。”好吧，关于我的名字，弗拉迪斯拉夫 · 沃斯托克，我可以马上给你解释，这没什么奇怪的。我母亲把卵托付给了一艘古老的沉船“弗拉迪斯拉夫 · 沃斯托克”号；我知道，它也来自人类世界。可一旦有东西在海洋中停留的时间足够久，就会失去所有人类事物的特质——对我们来说，它不过是另一个珊瑚礁。哪怕是人造的，但礁石终归是礁石。

无论如何，我和我所有 80,000 个兄弟姐妹，无论性别如何，都被称为弗拉迪斯拉夫 · 沃斯托克。幸运的是我没有再遇到他们中任何一个，想象一下我们这帮可怜的家伙开生日派对吧——绝对是一场噩梦。幸运的是，章鱼独居。这样挺好。

我已经伪装自己了吗？人类的想法似乎很随意，很容易分心，很快就失去了对重要事物的关注。作为一只章鱼，我会按照周围的情况一百次改变颜色和形状，但两只手臂却毫无变化。有点毛茸茸，有点摇晃，有点……呃！有点心烦意乱，我从礁石上扯下两根珊瑚枝，我通常不这么做，但现在是真正的紧急情况。我把它们举到头前面，抬起腿，轻轻地顺着水流移动，穿过珊瑚丛，从远处看，我估计会被误认为是一只成年刺胞动物。珊瑚虫（刺胞动物；这个词源自希腊语，意思是“多腿的生物”）最终会造出珊瑚，所以我用被扯下的珊瑚枝堆叠和缠绕自己，巧妙地伪装，就是这么回事。

一个小时后我感到非常无聊，整天坐在礁石旁，我也饿了。嗯，金枪鱼排再适合不过了，五分熟，加一些沙拉酱。哦，天哪，我刚才是这么想的吗？那是什么酱？即使我的九个大脑都在分析这个词，我也无法正确发音。我的意思是，金枪鱼没有什么好说的，它们只是野味，而且有点超出了我的薪资水平。

“弗拉迪斯拉夫，别让自己不安，抓住下一只出现的螃蟹，‘鞋匠，别离开你的鞋楦’[1]。”话刚说完，我用两条胳膊控制住最瘦小的

1 德国谚语，意为“不要对你一无所知的事物品头论足，而要在你精通的领域大展拳脚”。——编注

螃蟹，我抓起这小东西，咀嚼起来。它尝起来像……嗯……像……嗯……反正我知道，绝对不像汉堡包。天啊，我愿意为汉堡包或牛排，无论是炖还是烤的，或者甚至只是为一小块巧克力付出一切。

轰轰轰，只听见头顶有一艘船呼啸而过，它在水面上滑行的速度和优雅的感觉，远胜过那些可怕的鲨鱼，我居然忍住了想要游泳的冲动。谁知道我能不能追上它？但我知道，自己不再是最快的了。尽管如此，我还是想象着登上船会是什么样子，坐在甲板上乘凉，交叉双腿，戴副太阳镜——大家都投来目光！所以船上的人无疑应该认出我是他们中的一员，我也有着两条胳膊和两条腿。也许他们会认为我来自海底的一座水下公园，曾经迷路却不知何故成为幸存者，再次从深处浮出水面，逃离了无情的大海。如此种种，忍受自己作为人类的胡言乱语，还真是一种挑战。

怦怦，加油，怦怦，加油，至少我有三颗心脏在工作，它们证明了我作为章鱼的存在，所以我身上的一些东西似乎还能证明我没有精神错乱。我放下了珊瑚，终于放松了一点，五彩斑斓的鱼、水母和各种平和的海洋生物让我感觉很好，很好。看着浩瀚无垠的大海真是令人放松，一切都在蓝色的天堂中漂浮和跳舞。“西瑞（Siri），打开备忘录，我想要一个水族馆！”

啊啊啊！我疯了似的咆哮着跳了起来，用头猛烈地撞击岩石。外面似乎很黑，哦，天哪，谢天谢地，这一切都只是一场梦。梦中梦，这完全可以解释，我的恐慌逐渐消退。我很快伸出自己的八只胳膊，一切都还在，没有腿，弗拉迪斯拉夫，我最好睡一觉。或者，嗯，我最好还是别睡了……

再见，我亲爱的朋友！

有了这则章鱼睡前故事，我可以和你说再见了，无论如何，你是进入章鱼神秘世界的伟大观众。引用我小时候喜欢的卡通人物“粉红豹”的一句话：“今天不是每天，我会回来的，毫无疑问。”

当我输入这些字时，我已经在思考接下来要仔细研究哪种动物了。水母？鲨鱼？用手指模仿的动物？哦，我不知道，我们会想出一些东西的。你也可以写信给出版社告诉我接下来想读什么。并且不要忘记：这期间你要写一些章鱼的故事，我很期待……

你想了解更多吗?

在这里，我为你整理了我最喜欢的书籍和最热爱的电影。当然，这只是很少的选择。顺便说一个小秘密：很少有人知道，人到底要了解多少，才能明白自己其实很无知。维尔纳·海森堡已经知道这一点。顺便说一句，他发明了“海森堡不确定性原理”——如果有人可以向我解释那是什么，请写信给出版社。但是请写得简单些，以便我能够理解它。

图书

海因茨·克里默：《海洋外星人》

彼彼·迪蒙·达克：《杜鹃、章鱼、蟑螂：略有不同的动物书》

罗杰·汉伦：《章鱼等等：墨鱼的迷人世界》

海伦·杜福特：《海洋：奇妙的海洋世界》

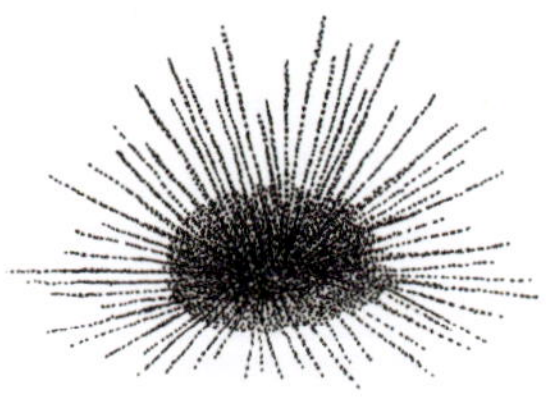

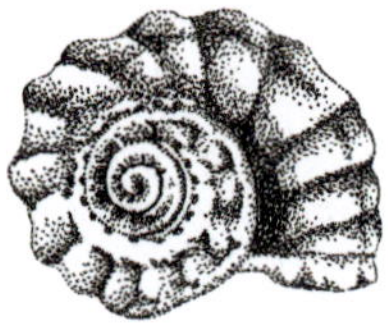

影片

《深海魅影》

《我的章鱼老师》

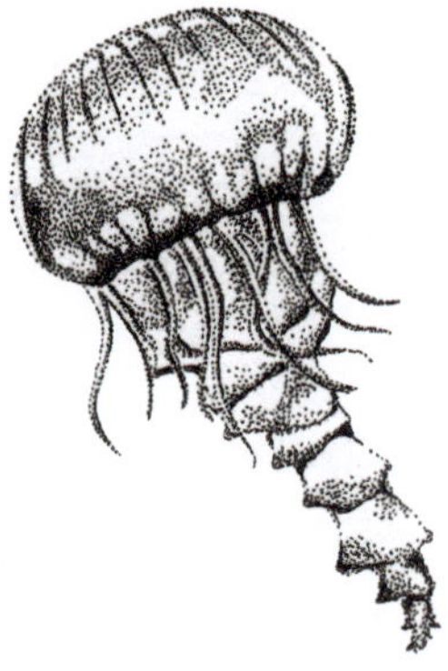

揭秘时刻

帮助章鱼找到 8 件可以让它躲避敌人的物品。

谜题见第 70 页

你能找到藏在这里的 8 只章鱼吗?

谜题见第 78 页

你能找到威胁章鱼的 8 种动物吗?

谜题见第 86 页

你能找出两张图片之间的 8 个不同之处吗？

谜题见第 110 页

剪下这只章鱼

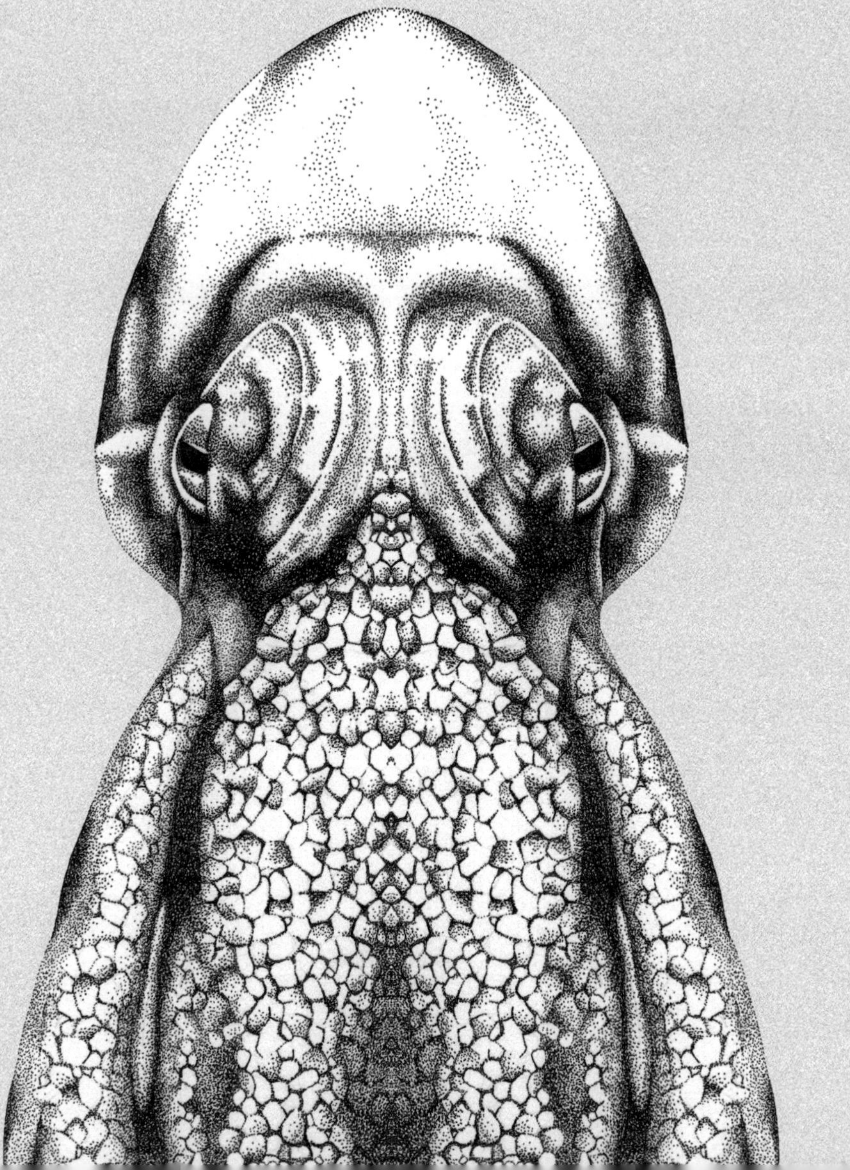

插画家简介

米凯莱·甘瑟

1995年出生于德国亚琛，曾在亚琛和美因茨学习传播设计。她对太空、恒星和不同行星特别着迷。她还可以反着说出任何行星的名字。星土，星王海，星水。这够证明吗？她的插画以一种不同寻常的方式呈现了激动人心的主题，从而创造了全新的世界。在业余时间，她会全神贯注地阅读——最喜欢科幻小说。她也能反过来说：说小幻科。

文字作者简介

米歇尔·斯塔瓦瑞克

1972年出生于布尔诺，在维也纳学习波西米亚研究（没人知道那是什么）、新闻和传播科学。他对穿越整个宇宙的想法特别着迷。他还希望能够在水下呼吸。他为儿童和成人写了许多书，获得了诸多奖项，但这仅仅是因为“奖项”与他最喜欢“旅行”押韵[1]。在业余时间，他会穿着直排轮滑鞋。他几乎不会倒着说单词。

1 德语中“奖项”和“旅行”这两个词很接近。——译注